U0173268

硅谷未来教育系列

清華大學出版社
北京

内 容 简 介

在未来，什么样的工作最容易被人工智能取代？AI会不断进化，最终淘汰人类？本书将着重解读AI将会怎样改变我们的生活，并对孩子们经常问的有关AI的100个问题进行解答。

本书是针对6～12岁的孩子，基于数十万中国孩子的编程学习经验和学习行为数据，打造的比较权威的人工智能读本。本书由知名少儿编程品牌、在线少儿编程录播课开创者西瓜创客的创始人肖恩老师和来自全球著名高校的知名教授、专家顾问倾力推出。

图书在版编目（CIP）数据

少年AI一百问 / 西瓜创客著．—北京：清华大学出版社，2020.9
（硅谷未来教育系列）
ISBN 978-7-302-55406-6

Ⅰ．①少…　Ⅱ．①西…　Ⅲ．①人工智能—少年读物　Ⅳ．①TP18-49

中国版本图书馆CIP数据核字（2020）第073355号

责任编辑：杜春杰
封面设计：刘　超
版式设计：文森时代
责任校对：马军令
责任印制：沈　露

出版发行：清华大学出版社
网　　址：http://www.tup.com.cn，http://www.wqbook.com
地　　址：北京清华大学学研大厦A座　　邮　　编：100084
社 总 机：010-62770175　　邮　　购：010-62786544
投稿与读者服务：010-62776969，c-service@tup.tsinghua.edu.cn
质量反馈：010-62772015，zhiliang@tup.tsinghua.edu.cn
印 装 者：三河市龙大印装有限公司
经　　销：全国新华书店
开　　本：285mm×210mm　　印　　张：28.5　　字　　数：524千字
版　　次：2020年9月第1版　　印　　次：2020年9月第1次印刷
定　　价：108.00元（全两册）

产品编号：084627-01

第一章　小朋友身边的AI趣事 1

第三章

孩子们必知的AI理论知识

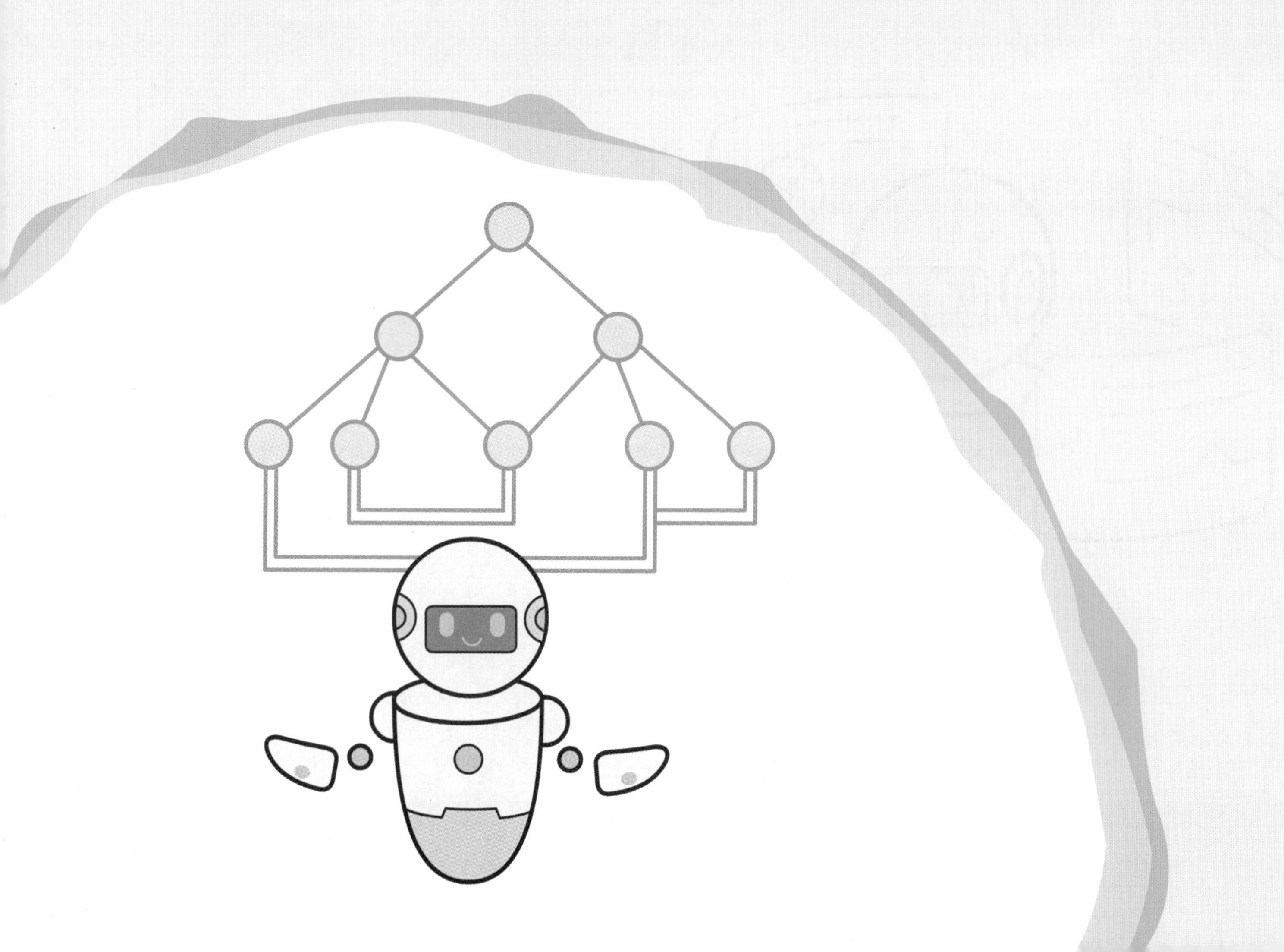

什么是“图灵测试”？

我们来玩一个游戏。这个游戏由三个人组成，其中必须保证有男有女。游戏开始，一个男生和一个女生分别进入两个不同的房间，另外一个人作为裁判待在房间外。裁判通过打字的方式来向两个房间里的男生和女生提问，男生和女生必须同时打字来回答。当然，房间中的男生有个特殊任务：回答问题时装作自己是女生，来干扰裁判的判断。

裁判可以随意提问，目的在于找到伪装成“女生”的男生。裁判的提问其实有很大的学问。如果裁判提问“谁是女生”，屋内两个人一定会不约而同地使用键盘回答自己是女生，这样的问题其实没有什么实在意义。但如果裁判问“今天我穿的鞋是什么颜色的”，大部分女生会比较细心，在意服装搭配，所以很可能会观察并且记住这个细节。但男生却很容易忽视这个细节，想要再一次成功地伪装成女生，就变得不容易了。当裁判通过提问找不出哪间屋子里是男生时，屋子里的男生就获胜了。

1号房间
我是女生!
怎么都说是女生?
2号房间
我是女生!
1号房间
……
我今天穿的鞋
是什么颜色?
2号房间
红色!

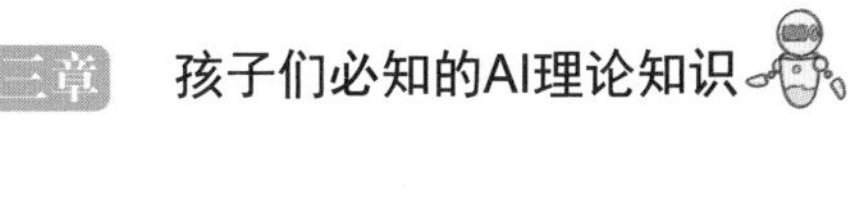

在这个游戏中，把男生换成机器，把女生换成人类，而裁判也依旧是人类，机器能够逃过人类裁判的法眼，将自己伪装成人类吗？如果机器表现得像人类一样，通过伪装骗过了人类裁判的眼睛，那么我们称这个机器通过了图灵测试。

图灵测试是由一个叫艾伦·图灵的人发明的。艾伦·图灵曾萌发了一个新想法：机器会思考吗？我们怎么来判断机器是否拥有如同人类一样的能听会说、能看会认、能理解会思考等能力呢？聪明的图灵提出了一个模仿游戏，就是让机器来模仿人类进行问答，如果有多于30%的裁判无法判断回答问题的究竟是人还是机器，那这个机器就通过了测试。后来，人们用图灵的名字来命名这种判断方法。在以后的岁月里，图灵测试逐渐成为了判断机器是否拥有智能的一个衡量标准。

随着人工智能时代的到来，已经有机器通过了图灵测试。在 2014 年，一个叫“尤金·古斯特曼”的机器冒充一个 13 岁小男孩骗过了 33% 的评委。人们在惊叹高科技飞跃发展的同时，也有人质疑：“如果机器拥有了智能，会不会对人类产生威胁呢？”比如，当机器情绪不好时，会不会打人？或者机器会不会被坏人利用来制造一些灾难？

尤金·古斯特曼

关于这个问题，你是怎么想的呢？

什么是弱人工智能？它很弱吗？

如果用“弱”字组一个词，你会想到什么呢？聪明的你小脑袋里怕是早早蹦出一堆词了：弱小、柔弱、瘦弱、虚弱……就好像刚刚出生的小婴儿，柔柔弱弱。弱人工智能，难道也是这般模样吗？

弱人工智能并不是这样的。大到AlphaGo、银行人脸检测安全系统，小到陪伴机器人、扫地机器人，它们都是弱人工智能。

有同学会问，AlphaGo这么聪明，打败了最厉害的围棋高手，震惊了全世界；银行人脸检测安全系统可以核对你的身份，确保财产安全；陪伴机器人能听会说还会跳舞，堪称哄娃神器；扫地机器人可以智能规划清扫线路，省去了妈妈打扫房间的宝贵时间。它们似乎都拥有了智能，为什么还叫弱人工智能呢？

实际上，目前我们生活中拥有的一切智能化产品，都处于弱人工智能阶段。

AlphaGo只会下围棋，如果让它来识人辨物，它可傻眼了；智能安防系统只认识录入系统中的人脸，让它给你讲《三只小猪》的故事，它可不会；陪伴机器人只会和小朋友们玩耍，让它来打扫房间地板，可是太难为它了，就更别提让扫地机器人来下围棋了……细细想来，它们都有一个共同特点：只会干一些特定的事。

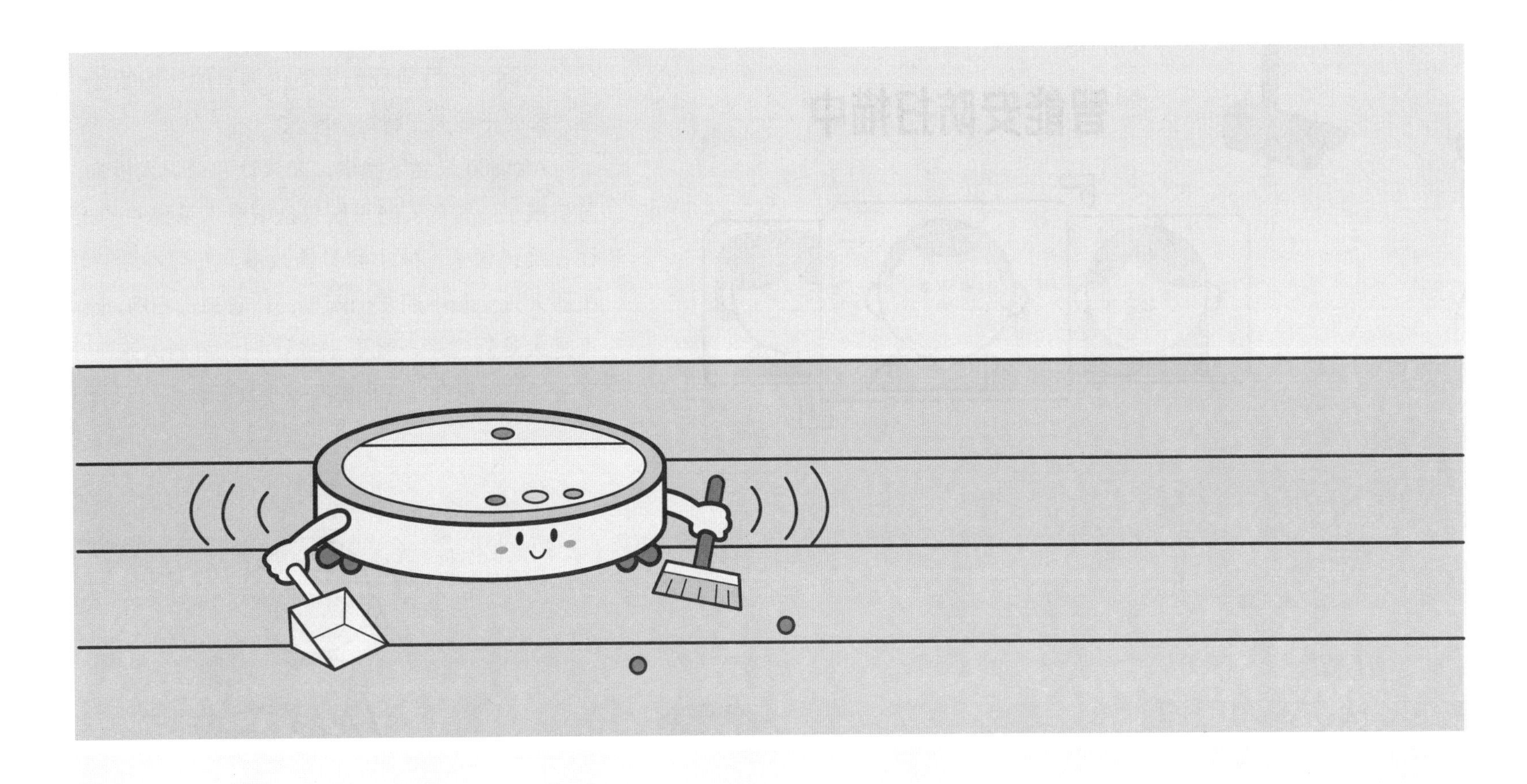

人工智能被分成了弱人工智能、强人工智能和超人工智能。在弱人工智能阶段，机器只会按照程序员设计的代码执行，不能像人类一样拥有自主思考和自我意识。比如 AlphaGo，程序员教给它下围棋，它就只会下围棋，像扫地、聊天、算算术等，它都不会。虽然被叫作弱人工智能，但是它们踏实、肯干，像一个个术业有专攻的工匠，在自己擅长的领域里发光发热，默默地为人类造福。

什么是强人工智能？它强在哪里？

在 55 问中我们了解到，我们身边无论是会扫地的扫地机器人，还是打败人类最厉害棋手的 AlphaGo，它们都是弱人工智能。那你可能要问，要多厉害的机器才算是强人工智能呢?

让我们想象一下，假如有一天，AlphaGo 不仅能下围棋，还能写作文、陪你打游戏，甚至给你讲故事，只要是你能干的事情，它都能干。更厉害的是，它还能学习知识，举一反三，自己创造一个和它一样厉害，甚至更厉害的 AlphaGo 2.0 版；它还可以有自己的想法，自己的情感，高兴时就陪我们玩，不开心时就不理我们。这时，AlphaGo 就不是弱人工智能了，它已经“升级”为强人工智能了。

强人工智能能够突破程序员为它设置的条条框框，能够像我们人类一样独立思考，拥有自己的想法和情绪；学习能力超强，可以解决各种各样的问题，具有和我们同样的创造力和想象力，因此它比弱人工智能要“强”得多。

很久很久以前……

现在，强人工智能距离我们还很遥远，我们曾尝试用各种方法制造出强人工智能，但效果都不是很好。假如我们把一个强人工智能比喻成一个青年，那么现在我们日常可以接触到的人工智能都只能算是小宝宝，只能按照科学家和程序员为它编写的代码进行工作。它们虽然现在还是小宝宝，但是科学家预测，人工智能会在某些时间节点发生突变，突然学会勾股定理，学会解决鸡兔同笼问题。进一步地，能推导出相对论，它的智能会呈指数级增长，最后变得和人类一样，拥有创造力和想象力。那时候，如何利用好强人工智能，将成为我们最需要解决的问题。

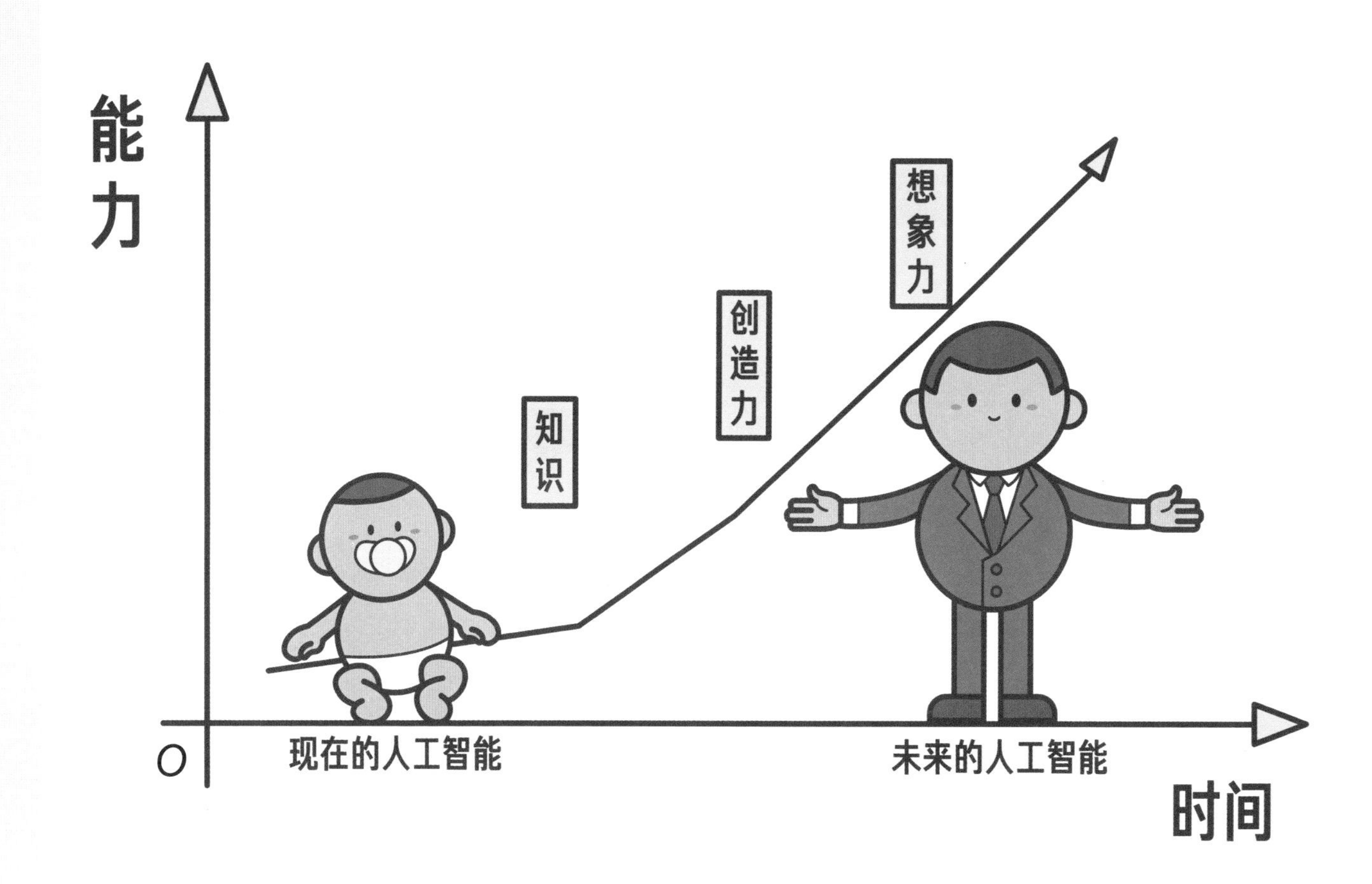

什么是机器学习？

我们先来读一读有关小动物和天气的谚语：

泥鳅跳，雨来到。
泥鳅静，天气晴。
青蛙叫，大雨到。
燕子低飞要落雨。

你知道这段谚语是怎么创作出来的吗？下雨前，农民伯伯总是看到同样的情景：泥鳅蹦蹦跳跳，燕子低低飞行……几次之后，农民伯伯就会猜测，哦，原来这些小动物的各种行为表现是和下雨有关系。下次如果再看到燕子低飞，并且最后真的下雨了，那么农民伯伯的猜测就得到了验证——燕子低飞要落雨。假设泥鳅蹦蹦跳跳时没有下雨，那么农民伯伯的猜测就被推翻了，他就需要修改和补充他的猜测。就这样，通过多次反复地总结，逐渐找到了较为准确的规律，于是农民伯伯将这些规律编写成了朗朗上口的谚语，世代传唱下去。

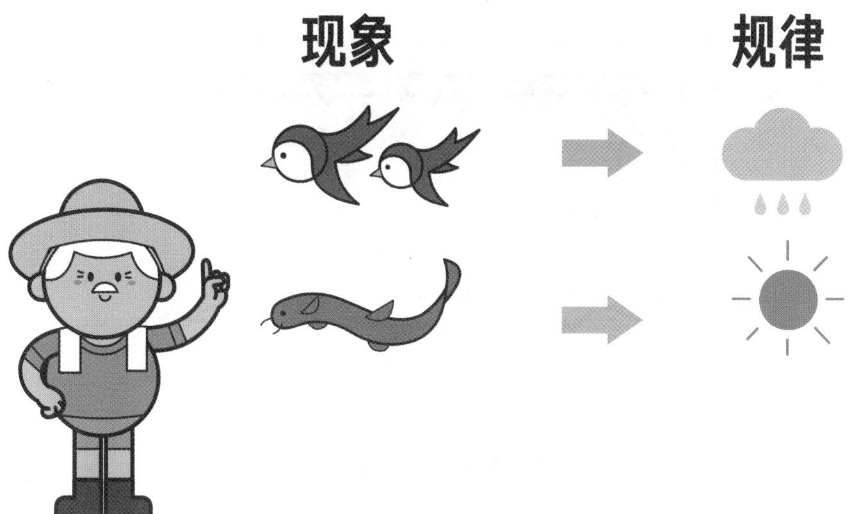

因此，人类学习的过程可以总结为：观察现象—针对现象进行总结—得到规律。当遇到更多的新问题时，不断地总结和修正规律。就这样，人类就完成了学习和进化。

那么机器学习和人类学习是一样的吗?

你可能想到的第一个方法就是让机器“死记硬背”，比如我们把所有知识都写进机器的大脑里。事实上，早期的人工智能就是试图采用这样的方法处理的。但是这样效率太低了，而且需要记忆的知识数量非常多，多到不能穷尽，哪怕是机器也无法装下。既然死记硬背走不通，那么机器是不是应该仿照人类的学习方式，学习如何总结并且不断地修正规律呢?

比如，我们只需要在机器学习时输入一些有用信息——青蛙、燕子等小动物行为的“现象”和下雨这个“结果”的对应关系，机器就可以通过某种学习方式建立起现象和结果之间的关联关系（模型）。这样，当我们再输入小动物的状态时，机器就可以根据已经学会的关联关系进行天气预报。

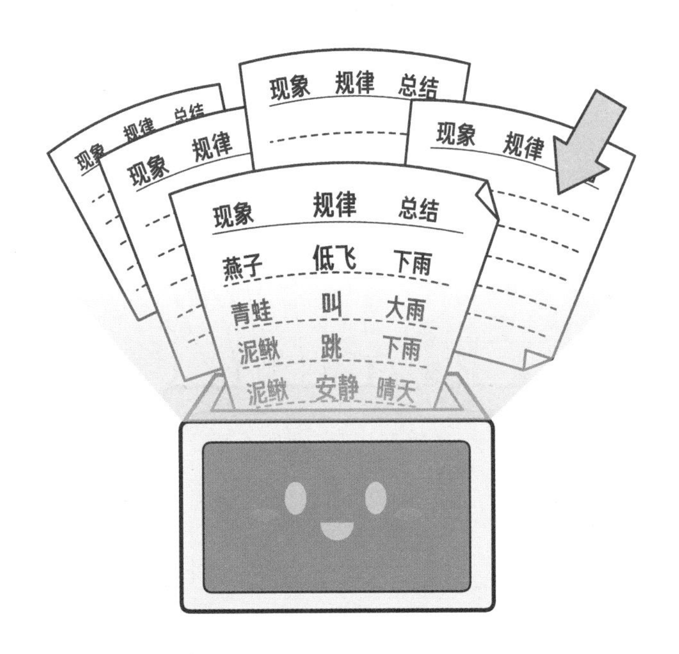

随着科学技术的发展，机器可以做到不需要给出“结果”，自己就发现“现象”数据内在的规律，从而把这些现象聚集成一类。比如我们在机器中输入：西红柿、西瓜、樱桃、青椒、草莓、绿苹果等，机器会自动将西红柿、樱桃、草莓这些外表是红色的东西分成一类，而把西瓜、青椒、绿苹果这些外表是绿色的分成另一类。这样的学习方式可以让我们利用计算机发现数据内在的规律，从而为更深入的数据分析建立坚实的基础。

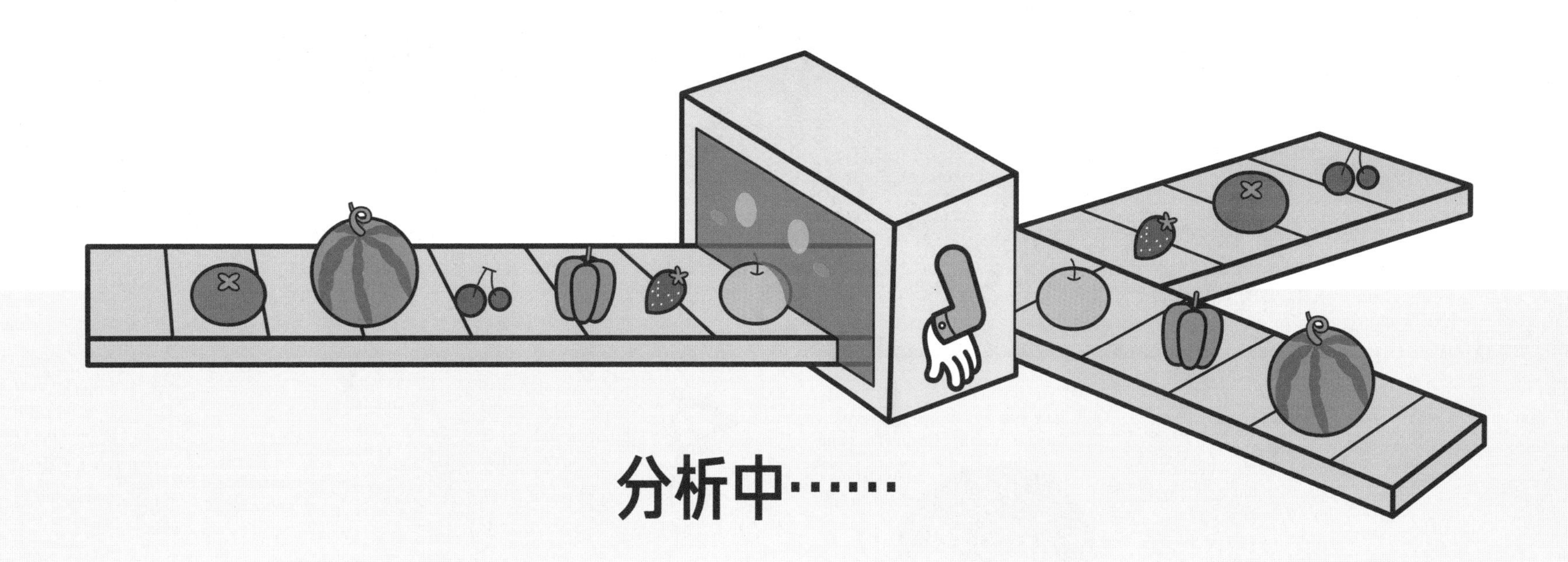

当前机器学习是所有人工智能的基础，现在科学家正在努力使这些机器学习方法越来越好用，让机器越来越“聪明”，更好地为我们提供服务。

什么是数据？

我们先来看几组数，猜猜看，这些数字代表什么？

20200816 1050 1005 137XXXXXXXX

816 900 930 5 816 900 940 3 816 1030 1110 4

18 3 54 5 1.5 6.5 80 2 160 220.5

我相信聪明的你也许会从上述数字中猜出个一二，比如你或许会猜到“20200816”应该是个日期；137XXXXXXXX是一个电话号码。但是后面的一大串数字……估计大侦探福尔摩斯都不一定能猜出来呢。

通话记录单

2020年8月16日

10:50　10’05

137XXXXXXXX

出行单

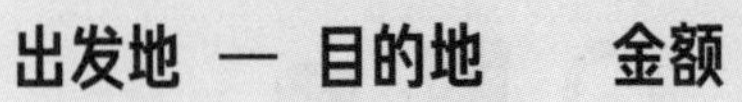

出发地 — 目的地		金额
自己家	水果店	
8月16日	9:00/9:30	5元
水果家	Liu店	
8月16日	9:00/9:40	3元
Liu家	自己店	
8月16日	10:30/11:10	4元

购物小票

编码	单价	数量	金额
1.芒果	18	3	54
2.香蕉	5	1.5	6.5
3.榴莲	80	2	160

支付明细

现金　220.5

如果给你看了上图中的三张纸条，你能明白上面那些数字的意思了吗?

原来这是记录爸爸看望他好朋友刘先生的三个单据：通话记录单、出行单和购物小票。

我们可以看到，上面的那串数字是对爸爸看望他好朋友刘先生这个事件的描述，这时我们就可以称例子中的那串数字为一段数据。数据与数字最大的区别在于它是对生活中一些现象、事件的描述，不再是冷冰冰的数字，它携带了一定的信息。

当然了，数据的表现形式很多，可以是数字，也可以是符号、图片、声音、视频等。生活中，我们获得数据的方法有很多，除了人工收集，也可以通过计算机自动收集。比如妈妈最爱的就是各式各样的连衣裙。她点击过哪些商品，最后买了哪些商品，这些数据都被自动记录下来。利用人工智能技术开发的智能购物系统，就是利用这些数据进行分析。这个系统可以给妈妈推荐她更加心仪的连衣裙，甚至是搭配连衣裙的项链和包包。

可以说，在现阶段，数据是人工智能的粮食，正是有了数据，人工智能才能够变得更加聪明，更好地为我们服务。

什么是大数据和数据挖掘？

059

在美国沃尔玛超市中，有个奇怪的现象：超市人员把啤酒和尿不湿摆在一起。啤酒和尿不湿，看似毫不相关的两样商品，为什么要摆放在一起？

原来故事是这样的，据说超市中一位销售经理在分析顾客的购物小票时，发现了一个让人难以理解的现象：啤酒和尿不湿经常出现在同一购物清单上。这引起了销售经理的好奇，他决定一探究竟。

经过几天的蹲点调查和追踪，这位销售经理发现，这种现象通常出现在年轻的爸爸身上。在美国，婴儿通常是由妈妈在家中照看，买尿不湿的重任就交给了下班顺路去超市的爸爸。年轻爸爸在购买尿不湿的同时，通常会顺便拿两瓶啤酒，犒劳辛苦一天的自己。于是便出现了尿不湿和啤酒出现在同一购物清单上的现象。销售经理发现了这个秘密后，便将啤酒和尿不湿摆放在一起，果然，两样商品的销售量又有了大的增长。

在这个故事中，销售经理通过分析大量购物清单、蹲点调查和追踪获取了顾客的年龄、性别等信息。这些来自不同渠道、不同类别、数量巨大的资料就是解开谜团的大数据。通过数据分析，找到了隐藏在数据背后的故事，这个过程可以理解为数据挖掘。

大数据并不是指数字大，也不单指数据的数量多。大数据，可以被看作是数量多且类型丰富的数据。数据的类型通常有数字、文字、音视频等。数据挖掘，就是寻找隐藏在这些数据背后的秘密。数据量越大、种类越丰富，其背后隐藏的秘密就越多，我们可以挖掘出来的故事也就越精彩。

目前，大数据和数据挖掘技术已经深入我们生活的方方面面，比如每个人可以借助智能硬件收集个人健康数据，利用大数据进行疾病预防和监控；老师通过学生每次的测验成绩进行大数据分析，自动推荐属于每个人的个性化作业；医生通过大数据和数据挖掘，监控和预防疾病；科学家通过数据挖掘，探索宇宙的奥秘……

什么是特征？
我们来做个猜人的小游戏吧！

好啊！

060
少年 AI 一百问

让我们来做一个小游戏，如果让你通过问问题猜一个熟悉的人，你会怎么提问呢（不可以直接问姓名）？

你可能会问——是男孩还是女孩？几岁了？有多高？胖不胖？你可能会得到这些回答：是男孩，今年 8 岁，身高 140 厘米，体重 36 千克……通过这些问题，你会猜到：哦，这是我的好朋友翔子呀。

在这个小游戏中，我们使用了性别、年龄、身高、体重等对一个人进行描述。我们把这些能够区分这个人与其他人的特别之处称为“特征”。

在AI研究中，机器也可以通过性别、年龄、身高、脸型、体型等特性识别出一个人。在机器学习中，我们称这些能够区别其他的特性为特征。特征不一定是我们能看得见摸得着的，也可能是我们为了进一步描述人或事物，人为制造出来的。比如我们可以定义一个特征叫身高体重指数(body mass index，BMI)，来描述一个人的身体的胖瘦程度，判断他是否健康。

另外，在上面的例子中，男孩、8岁、140厘米、36千克等被称为特征的特征值。在训练一个AI的过程中，投喂给机器的每一条数据都是由多个特征值组成的，像下面的表格展示的那样。表格中，性别、年龄、身高、体重就是特征，对应列中的数字就是特征值。

	性别	年龄/岁	身高/厘米	体重/千克
大华	男	12	150	45
翔子	男	8	140	36
西山	男	13	170	52
帆仔	女	6	120	32
阿珊	女	7	125	34
潘桃	女	11	145	37

例如翔子这个小朋友的数据是由性别、年龄、身高、体重组成，其特征的特征值分别为男、8、140、36。这些由特征和特征值构成的数据，为AI成长提供养分，帮助AI更快地成长。

什么是目标函数？

你今年的小目标是什么？是长得更高，还是期末考试得满分？

我们知道，明确的目标可以激发斗志，让我们变得更加优秀。同样地，程序员也会为 AI 构建一个“目标”，我们称它为目标函数。目标函数可以帮助 AI 更好地实现自己的价值。

下面举个例子，帮助你更好地理解 AI 的目标函数。

小瓜 AI 是一个挑选西瓜的 AI，它的目标是帮助不会挑瓜的人买到更好更甜的西瓜。为了更好地设计小瓜 AI，程序员找到了有经验的农民伯伯，向他们取经。程序员了解到：挑瓜要看西瓜的外形、颜色、听敲击的声音，但具体怎么判断，农民伯伯也讲得不是很清楚，需要小瓜 AI 自己去学习。为了学习到农民伯伯的经验，小瓜 AI 想了一个好办法。

小瓜 AI 首先根据农民伯伯的提示，观察了大量的西瓜。它发现西瓜的颜色大概有绿色和黄色之分；而对于纹理，有的清晰，有的模糊；再听敲击声音，有的瓜清脆，有的瓜沉闷。因此，小瓜 AI 将特征大概列了个表，并标注了特征值。

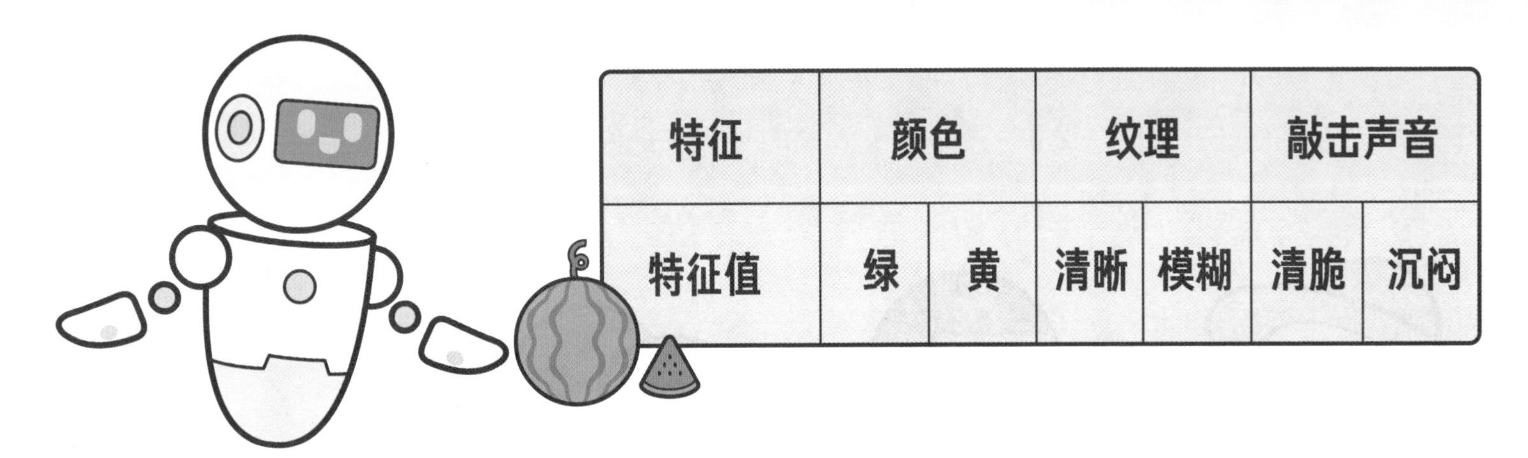

特征	颜色		纹理		敲击声音	
特征值	绿	黄	清晰	模糊	清脆	沉闷

我来给各个特征值打个分吧！

而后，根据这些特征值和西瓜的甜度，小瓜 AI 制定了一个打分规则。例如，小瓜 AI 发现绿颜色的西瓜比黄颜色的西瓜更新鲜、更甜，因此绿这个特征值比黄的分数要高。

特征	颜色		纹理		敲击声音	
特征值	绿	黄	清晰	模糊	清脆	沉闷
分数	3	2	4	3	3	2

最后，小瓜 AI 总结出了这样一个挑瓜公式：西瓜总分 = 颜色 + 纹理 + 敲击声音，得分越高，西瓜就越甜。

但是这个打分合不合理，还得请经验丰富的农民伯伯来帮忙。

小瓜 AI 想到，虽然农民伯伯讲不清楚每个特征值应该打多少分，但可以请农民伯伯根据经验对挑出的西瓜打个总分，再将这个总分和自己的打分进行对比。小瓜 AI 要达到的目标是，自己打出的挑瓜分数和农民伯伯打出的分数越接近越好。将这个目标进一步明确为：让每次自己打的分数减去农民伯伯打的分数之差尽量小。将小瓜 AI 的目标转换为公式，就得到了它的目标函数。

小瓜 AI 的目标函数是：自己每次打出的挑瓜分数 − 农民伯伯打出的分数。

目标函数 = 自己每次打出的挑瓜分数 − 农民伯伯打出的分数

目标函数的设计是打造 AI 过程中的关键一环。可以说，一个好的目标函数可以让 AI 朝着正确的方向快速进化，而一个坏的目标函数，可能让 AI 误入歧途，以致无法完成我们交给它的任务。

在同一个目标条件下，我们也可以定义出不同的目标函数，比如，小瓜 AI 的目标函数也可以是用自己的打分除以农民伯伯的打分。当结果越接近 1 时，说明小瓜 AI 的打分与农民伯伯的打分越接近。

这两种目标函数哪个更好，只有通过实践才能知道。

AI的“反思”是怎样实现的?

让我们继续用小瓜 AI 的故事来为大家讲解 AI 是如何“反思”的。

小瓜 AI 在看到第一个西瓜后，用自己初始的规则给西瓜打分，与农民伯伯的打分比较后，得到差值为 5，也就是目标函数值是 5。为了让自己的打分与农民伯伯的打分尽量接近，即目标函数的“取值”接近 0，小瓜 AI 对自己规则中的分值进行了修改。

目标函数值是5

特征	颜色		纹理		敲击声音	
特征值	绿	黄	清晰	模糊	清脆	沉闷
分数	~~3~~ 5	~~2~~ 1	4	3	3	2

修改规则后，小瓜AI拿来第二个西瓜进行打分，与农民伯伯的打分对比后，得到目标函数值是3，小瓜AI很高兴，这证明自己的“反思”结果是正确的，于是继续对规则中的分值进行了调整。

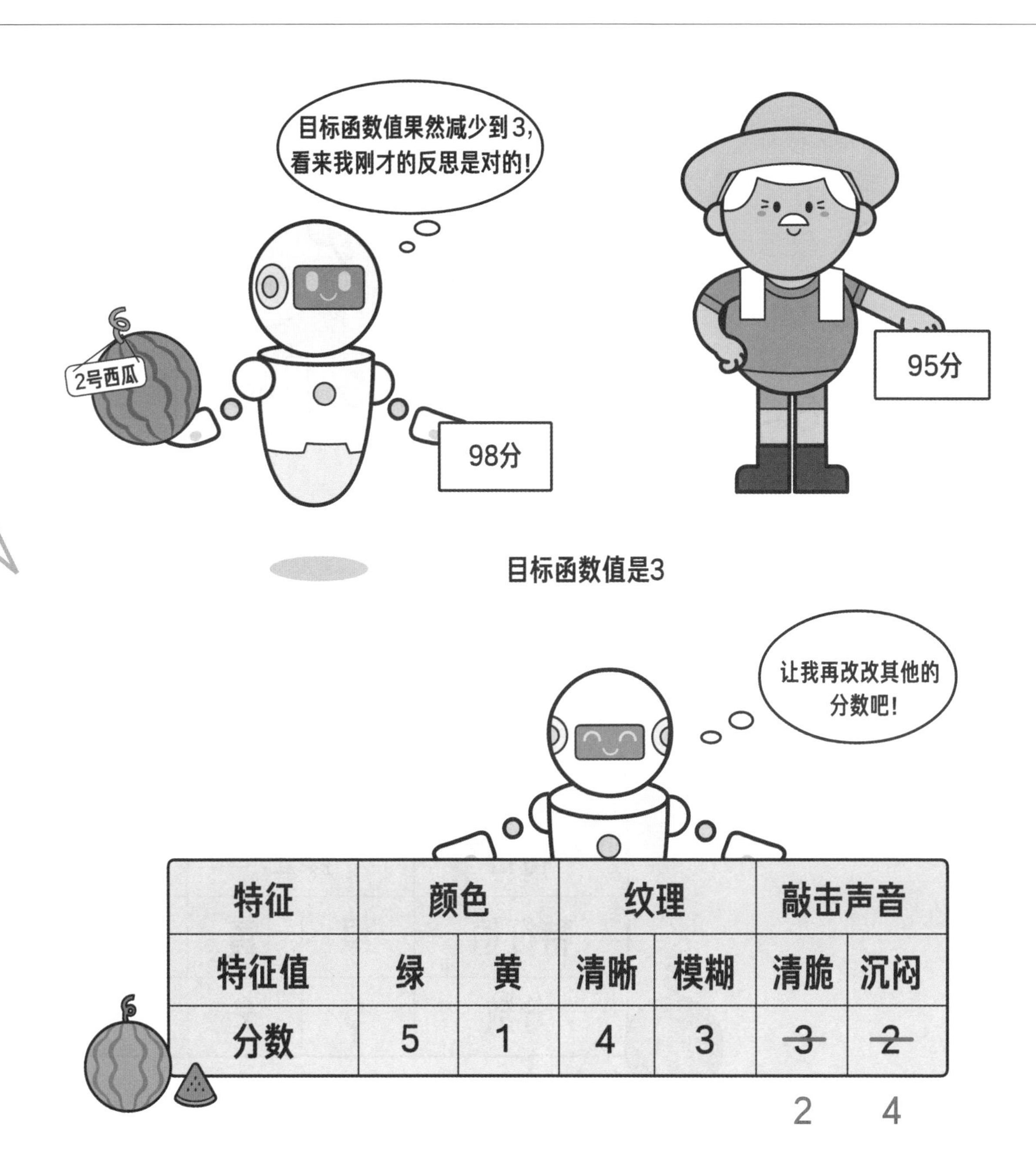

特征	颜色		纹理		敲击声音	
特征值	绿	黄	清晰	模糊	清脆	沉闷
分数	5	1	4	3	~~3~~	~~2~~

小瓜 AI 高兴地拿来第三个西瓜进行打分，这次与农民伯伯的打分对比后，差值增加到了 6。小瓜 AI 认识到，上次的“反思”结果是错误的，应该尽快修改回来，可以对其他规则进一步进行调整……经过多次的“反思”，小瓜 AI 的打分与农民伯伯的打分基本一致，它终于成了一个挑瓜能手。

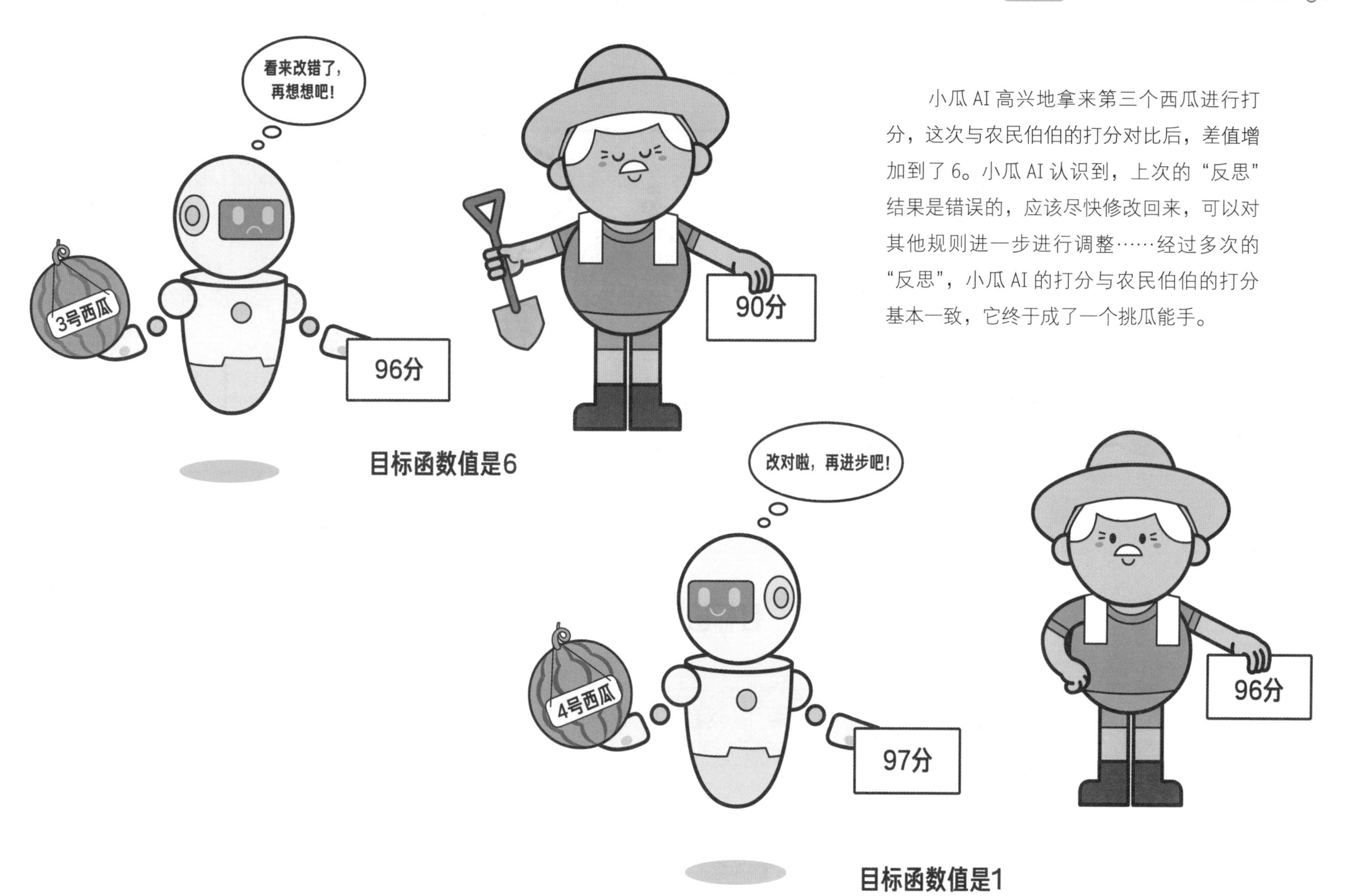

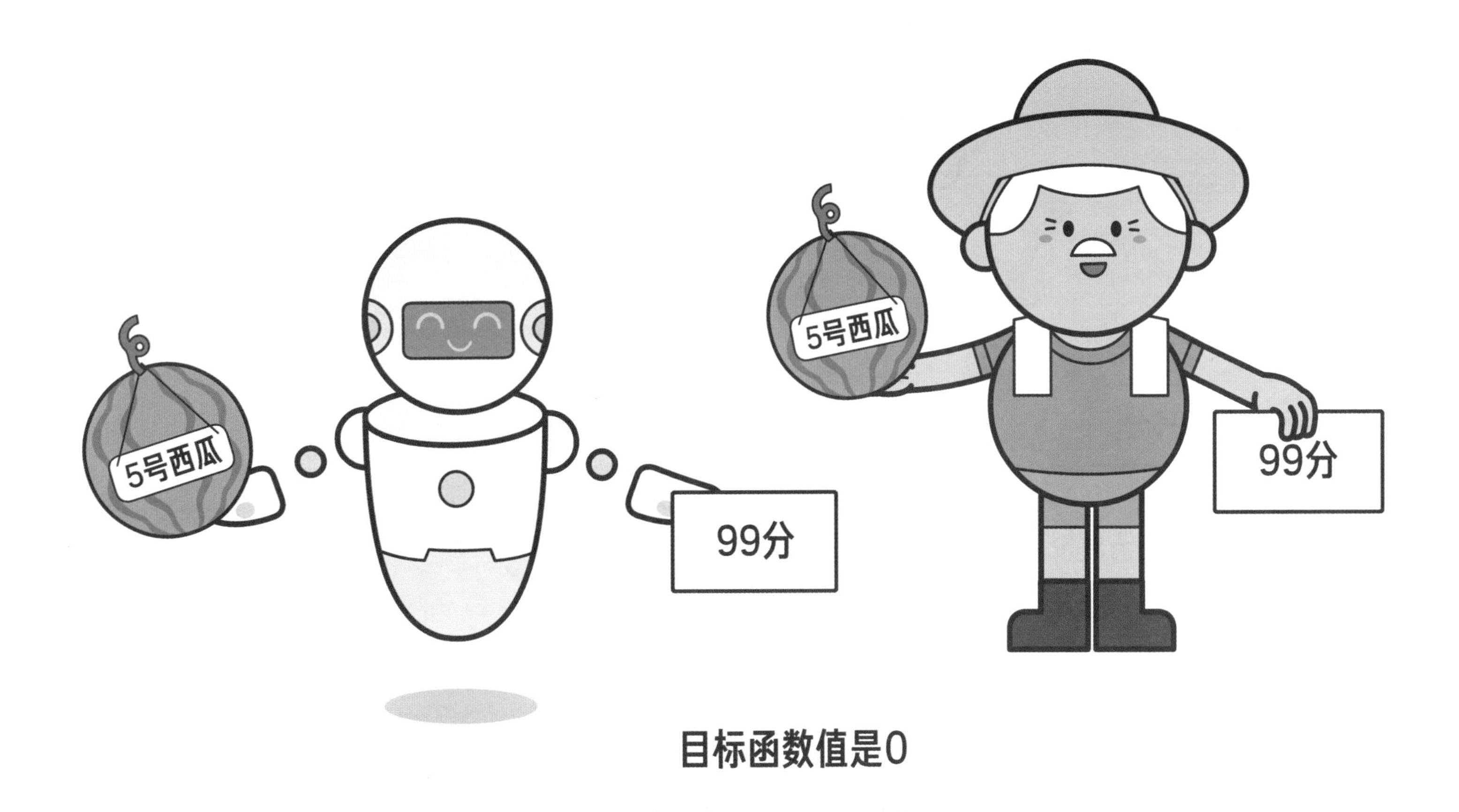

目标函数值是0

在这个故事中，小瓜 AI 根据目标函数的结果不断调整规则数值的过程，就是 AI 的“反思”过程。随着时间的推移，小瓜 AI 反思的次数越多，它就越能接近自己的目标。

一个AI可以向另一个AI学习吗？

伟大的科学家牛顿曾经说过："如果说我看得比别人更远些，那是因为我站在巨人的肩膀上。"

正是有了前人的知识积累，我们才能更加有效地认识和探索这个世界，才有了我们今天的美好生活。在早期的AI发展过程中，每一个AI只能完成特定的任务，任务稍有改变就需要重新开始训练和学习，效率很低，效果也不大好。

比如科学家接到了一个任务，要设计一个可以识别猫和狗的AI。首先科学家拿来很多猫和狗的照片对AI进行训练，花费了大量的时间，最后这个AI可以很好地识别出猫和狗，顺利地完成了任务。过了一些日子，科学家又接到了一个任务，要设计一个可以识别老虎和狮子的AI。这时，如果要从头开始训练，又要花费大量的时间，那么有没有更加快捷的方法呢？

科学家发现，识别动物的方法是非常相似的。例如在识别猫和狗的过程中，AI 学会了先通过照片确定其中物体的位置，再提取它的轮廓、颜色、纹理等特征，进而确定照片中的物体是猫还是狗。识别狮子和老虎也可以先通过照片确定其中物体的位置，再提取它的轮廓、颜色、纹理等特征，只是最后分辨的是狮子和老虎，而不是猫和狗。那么能不能利用已经训练好的 AI 所获得的知识，训练一个新的 AI，让他们相互“学习”呢?

答案是可以的，科学家把此类 AI 相互“学习”的方法称为迁移学习。迁移学习可以帮助我们极大地减少训练时间，节约时间成本，并且只需要不多的数据就可以把 AI 训练得很好。可以看到，AI 在相互“学习”中变得更加聪明。

颜色：
轮廓：
纹理：无

颜色：
轮廓：
纹理：无

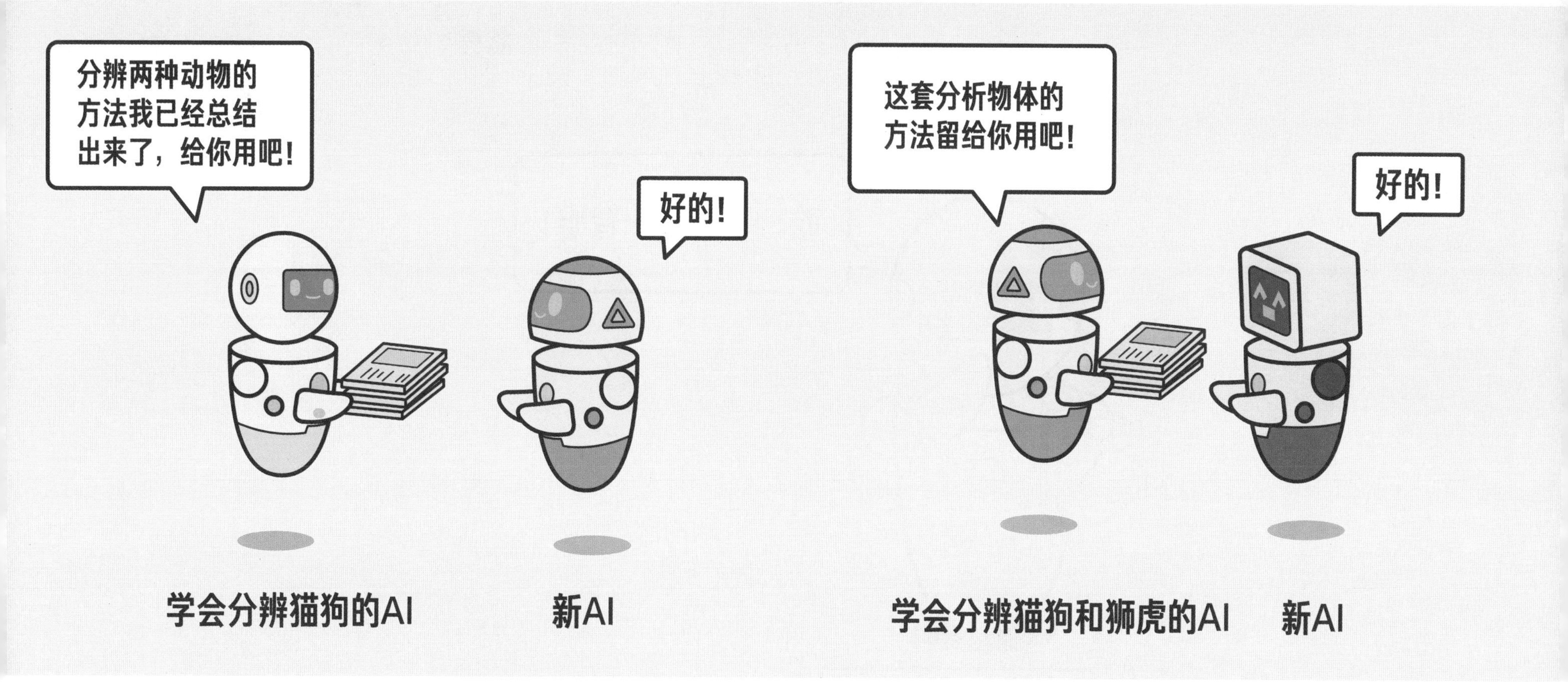
分辨两种动物的方法我已经总结出来了，给你用吧！
好的！
学会分辨猫狗的AI
新AI
这套分析物体的方法留给你用吧！
好的！
学会分辨猫狗和狮虎的AI
新AI

AI为什么越用越强？

吃一堑，长一智呀！

生活中，我们时常会发现一些有趣的现象：在购物网站搜索漂亮的裙子，首页马上出现了很多类似的款式；扫地机器人最开始总是到处磕磕碰碰，几天后就能在家里来去自如；校区的智能人脸识别AI门禁，起初总会把你拦在门外，后来好像跟你很熟，即使你换了个发型、带了酷酷的墨镜，它也会给你开门……可以看到，AI好像越用越"聪明"，越进化越强，这是为什么呢？

原来，当你挑选裙子时，AI了解了你挑选裙子的喜好，利用大数据搜索匹配到了更多相似的款式推荐给你；智能人脸识别AI门禁，多次地采集你的人脸数据，让你的人脸数据模型越来越精准，并且每次认错后都能学习总结进而修正数据，使自己变得更聪明；扫地机器人碰到桌椅或者墙壁，就会知道此路不通，在学习总结过后，它决定转个弯试试……

NO!
数据收集中

AI 变得更加聪明，进化得越来越强是因为：第一，数据量越来越丰富。在前面我们讲过，数据是 AI 进化的“粮食”，数据量越丰富，AI 进化得越好。AI 不仅踏踏实实完成自己的任务，还能借着工作的机会收集更多的数据。第二，AI 会学习总结。AI 在执行一个任务发生错误后，能够及时进行反思，冷静客观地分析自己的错误，避免出现“在同一个地方摔倒两次”的情况。

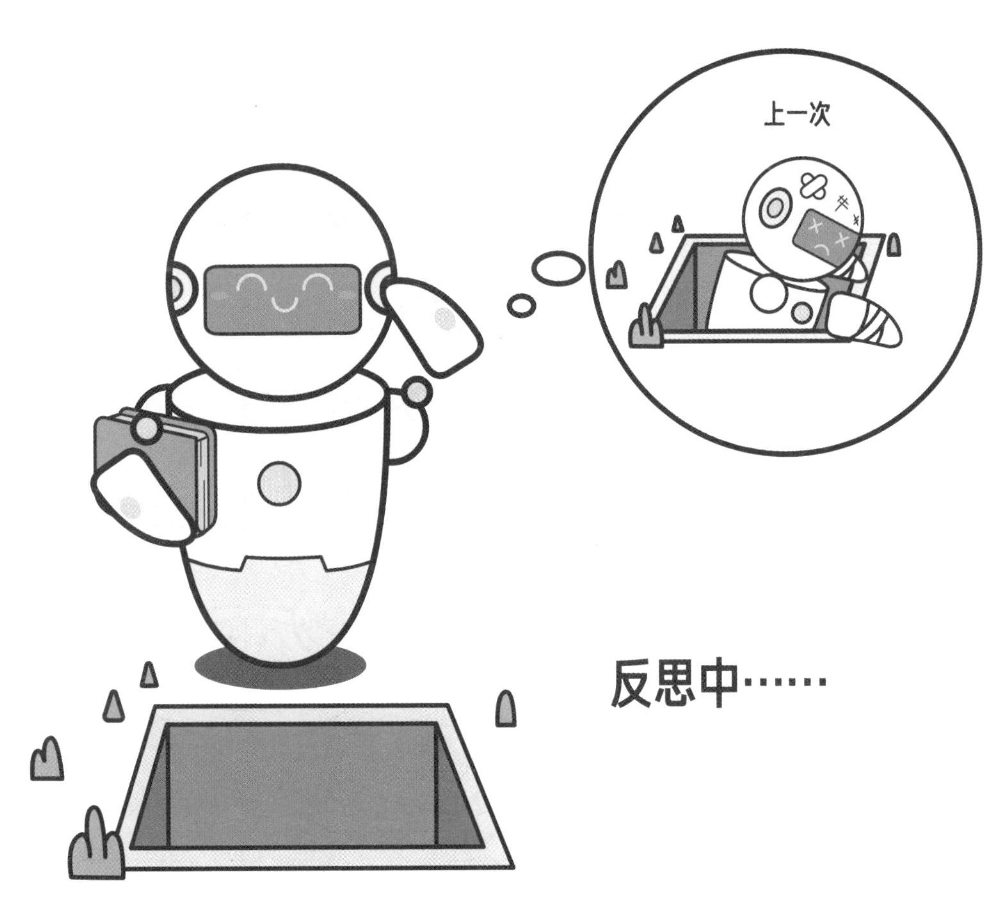

但需要提醒的是，AI 也可能会出现越学越“弱”的情况。这与程序员为它设计的学习总结方法或者目标函数有关。举个例子：一位程序员设计了一个寻宝 AI，它的目标是躲避陷阱，走最少的路找到宝藏。

训练过程中，一开始AI不断地探索，但由于在探索的过程中总碰到陷阱。

最后为了不让自己掉入陷阱，AI选择让自己待在原点不动。

虽然不会掉进陷阱里，但也找不到宝藏，无法完成任务，这时的AI就是越学越“弱”了。为了让AI向我们期待的方向进化，程序员改进了方法，鼓励它多探索，增加鼓励机制：探索的格子越多，分数越高。当然一味地追求分数高是不行的，不能忘记最初的目标：走最少的路找到宝藏。经过几次训练，AI就能顺利地找到宝藏了。由此可见，只有为AI设计了合适的学习总结方法和目标函数，AI才能更好地学习，在应用中越变越强。

AI进化的速度如何？

在 64 问中，我们讲了 AI 为什么可以进化得越来越强，有的小朋友会想，进化得越来越强又怎样？如果 AI 进化的速度太慢，假如 AlphaGo 需要学 1 万年才能超过人类，那我们可等不到那一天呢。

那么当前 AI 进化的速度如何呢？

事实上，近些年来，科学家们不断地感叹：AI 的进化速度已经远远超出我们的想象。就像 AlphaGo 第一次与人类围棋高手李世石对战时，绝大多数人都认为 AlphaGo 不可能打败人类，但结果却让我们所有人大跌眼睛。现在，AlphaGo 的进化版 AlphaGo Zero 甚至被很多围棋高手称为“围棋之神”，人们开始反过头来向 AlphaGo Zero 学习围棋技巧。

它好厉害!
哇!
我认输!
李世石
AlphaGo

当然，从AI的整体发展史来看，AI的发展并不是一帆风顺的，它总会在一定的时间里达到一个瓶颈期，进化速度停滞不前。但不要担心，它的这种停滞实际上是在为自己积蓄力量，是为了下一个时间点的爆发而做准备。由于科学家的坚守和不断地探索，所以AI才能够从科学家的实验室逐渐走进我们生活的方方面面，并在图像识别、语音识别和机器翻译等方面发挥着重要的作用。

那么，AI能不能一直这样快速地进化下去呢？答案肯定是：不能。当前AI采用的主流技术——深度学习还存在着一些缺陷，比如在数据量较小时无法较好地学习、无法处理一些类似奥数题的逻辑问题等。

AI最终会进化成什么样？这都需要聪明的你大胆地去想象，努力学习更多的AI知识和技能，并且把它应用到实践中去，将更加聪明的AI带到我们的生活中，让它们更好地为人类服务。

什么是人工神经网络？

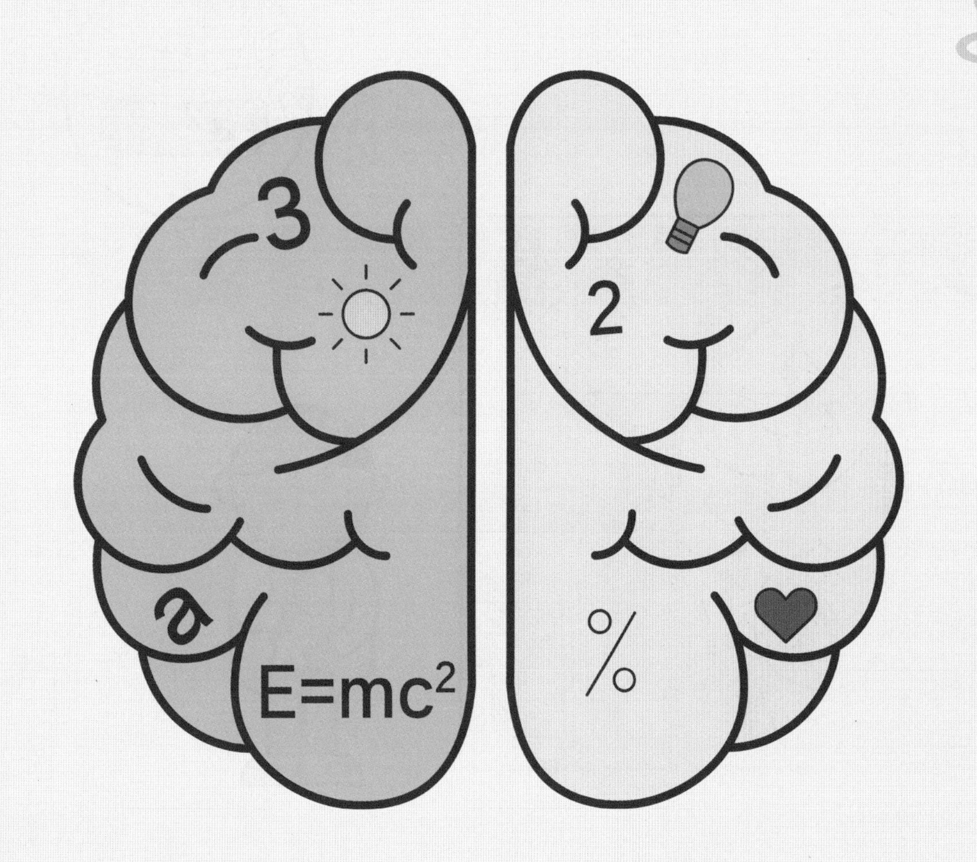

说起“人工”你会想到哪些词？“人工湖”“人工降雨”对不对。“人工”，一般是指人类自己创造的，不是天然形成的。那人工神经网络是什么呢？是人造的神经网络吗？

没错，人工神经网络是由科学家们模拟人类大脑神经网络处理信息的过程，设计的一种机器学习模型。我们之前讲到的小瓜AI就是利用人工神经网络创造出来的。

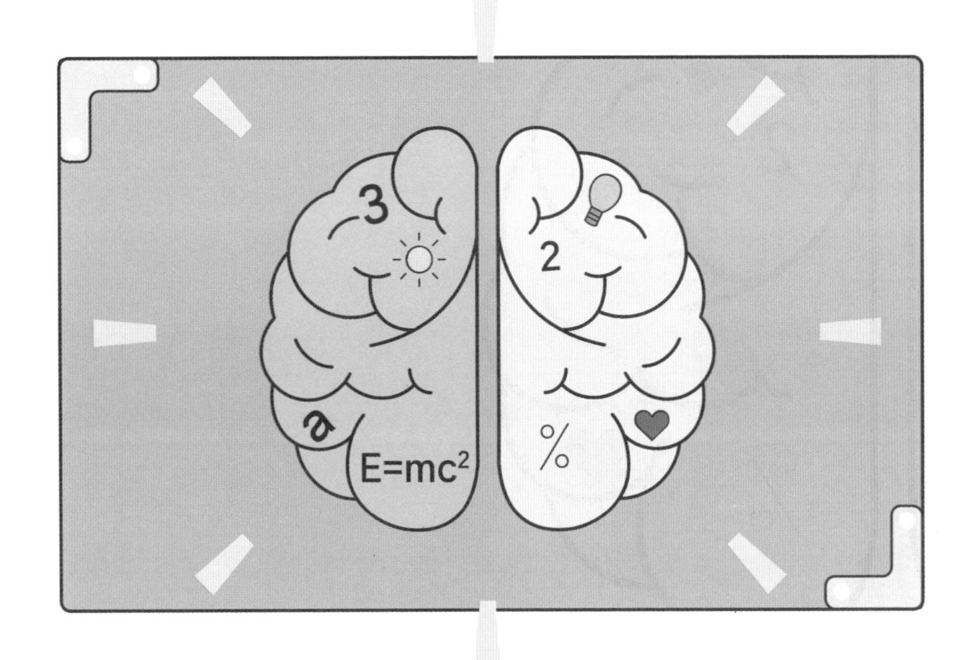

你还记得小瓜 AI 是如何分辨西瓜好坏的吗？首先，小瓜 AI 要能够收集纹理、颜色、敲击声音等特征，随后小瓜 AI 经过自我学习和反思得出一个结果：好或坏！

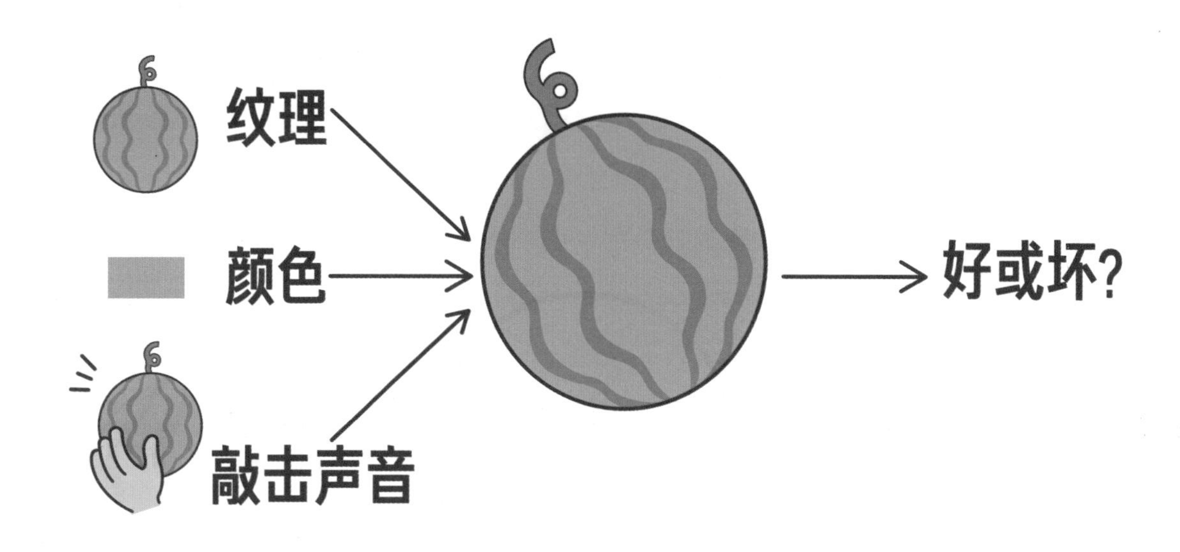

从上图的左边向右看，小箭头是告诉小瓜 AI 特征的入口，我们称之为输入，中间的圆圈是负责处理的神经元，最后的小箭头是输出结果。当然，简单地分辨一下西瓜的好坏，只需要一个神经元就可以满足需求。但如果考虑的因素多了，就需要更多的神经元小伙伴来帮助计算了。图中的连线用于在输入与神经元、神经元与输出之间传递信息，可不要小看这些连线，它们相当于小瓜 AI 的记忆。和之前我们学过的小瓜 AI 打分表一样，连线中蕴含着小瓜 AI 学到的挑瓜知识。当然了，小瓜 AI 在学习训练时，重点也是在更新这些连线。

目前，人工神经网络已经成为 AI 发展的主要方向之一。在门禁 AI、智能翻译机、下围棋的 AlphaGo、会打游戏的 Alpha Star 中，都能看到它的身影。但人工神经网络也有一些不足，比如需要给人工神经网络“投喂”大量的数据用来训练。

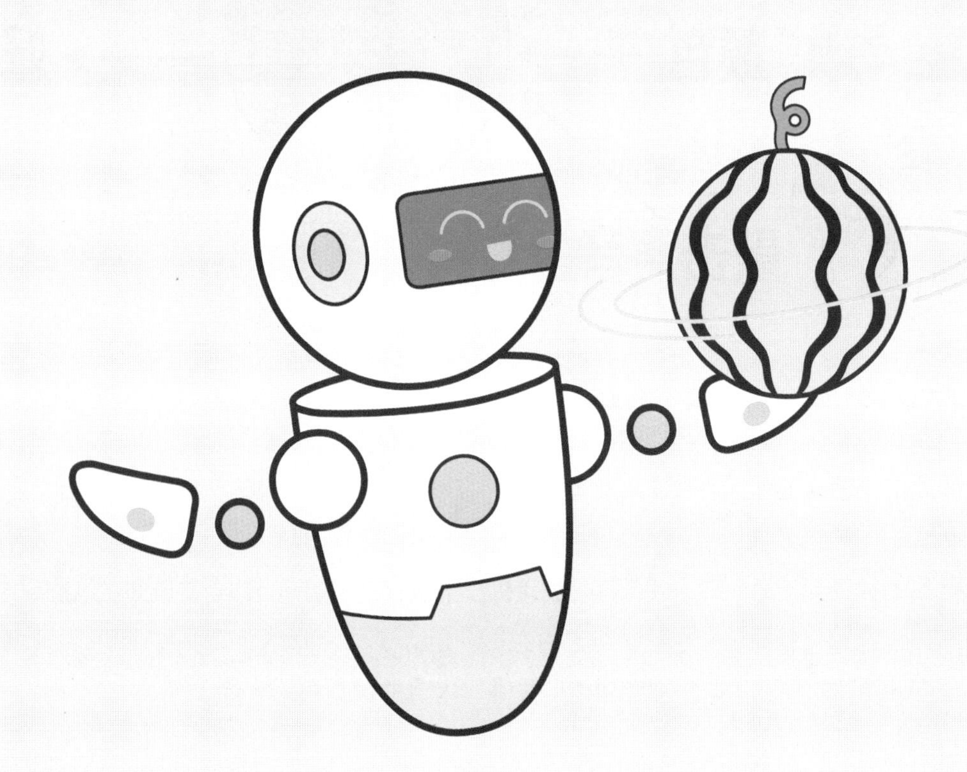

什么是多层人工神经网络？

想要知道什么是多层人工神经网络，那就让我们来继续讲讲小瓜 AI 的故事吧。

有一天，小瓜 AI 看到了一些黄色外皮的西瓜，根据以前学习到的知识，它自然地将这些西瓜划到了坏西瓜的行列。殊不知，这种西瓜是新品种，也非常好吃。为了进一步分辨更多种类的西瓜，小瓜 AI 将更多的特征纳入了它的思考范畴，如西瓜的产地、重量、大小、采摘的时间、瓜农的诚信度、西瓜的销售情况等。

瓜农特征
瓜农销量特征
西瓜内部特征
西瓜外表特征
哇，黄色西瓜很好吃！
差点儿错过了！
看来要考虑更多的因素！
记下来！

这时，仅靠一个神经元根本不能够一次处理这么多的特征，更别提一次分清到底是绿皮瓜好还是黄皮瓜好。于是程序员为小瓜 AI 找来了更多的神经元兄弟，并像图中这样，将这些神经元连接起来。

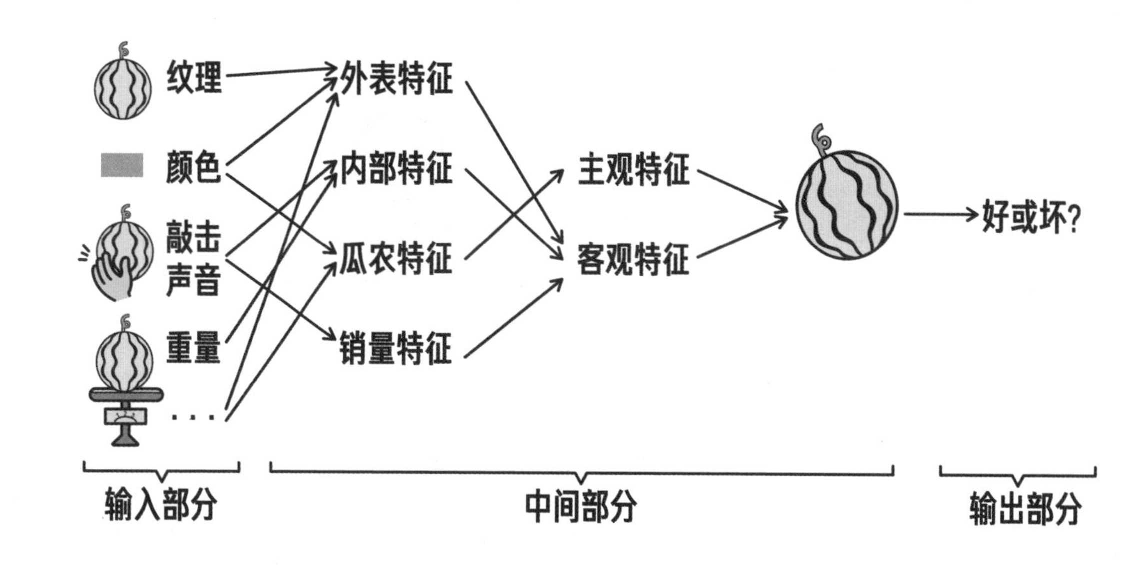

从上图中我们可以看到，小瓜 AI 的内部可以划分为三个部分：用于接收特征信息的输入部分、用于处理计算的中间部分和用于输出结果的输出部分。

有些小朋友会问，我们直接在输入部分增加神经元就可以了，为什么还要设计中间部分呢？事实上，科学家发现，我们可以把中间部分的神经元分成很多层，每一层神经元实际是学到了更深层次的特征。例如，在第二层中，小瓜 AI 可以把输入的特征信息归纳为西瓜的外表特征、内部特征、瓜农特征和销量特征；在第三层，这些特征就被进一步整合为西瓜的主观特征以及客观特征。

这种多层特征提取的方式可以帮助小瓜 AI 学习到更深层次的知识，掌握到更普遍的挑瓜规律，下回再遇到新品种的瓜，它就可以从容应对了。

可以看到，多层人工神经网络的优点就在于能够学到更深层次的知识，处理更多复杂的问题，这可比一个神经元厉害多了。

但神经元的层数是越多越好吗？让我们带着问题看下一问吧。

什么是深度学习？

经过多层人工神经网络改造的小瓜 AI 很高兴，因为它给西瓜打分的水平越来越高，但小瓜 AI 有个头疼的问题：错误率仍旧很高。这时小瓜 AI 就想：从理论上讲，人工神经网络的层数越多，它就可以描述越复杂的关系，那么只要设计出层数足够多的人工神经网络，是不是就可以学到更深层的知识，使自己的“认瓜”水平超过人类呢？

小瓜 AI 很高兴地对自己进行了改造，但它在实践中发现，人工神经网络的神经元小伙伴越多，越不容易进行训练，小伙伴组合而成的层数虽然增加了，但它的“认瓜”能力并没有得到提高，有时还存在层数增多，能力下降的情况，这是为什么呢？

让我们通过一个小游戏来理解为什么会这样：假如老师想找你去办公室沟通一下最近的学习情况，但他没有选择直接告诉你，而是将这条信息告诉了课代表，课代表又通知了学习委员，学习委员又告诉了小组长……到了最后，当你听到同学传递给你的信息后，很有可能就从老师要与你沟通学习情况，变成了老师要你请家长。

多层人工神经网络在学习的过程中，也会出现类似的现象。不过不同的是，最后传递的信息不是出错了，而是逐渐消失了。以多层人工神经网络小瓜 AI 为例，小瓜 AI 在进行一次“认瓜”后，根据识别结果正确与否会生成一个信号。小瓜 AI 中的神经元会像我们班里的同学那样，由后至前逐层传递这个信号。最开始的几层神经元还能够准确地获取反思信号，但随着神经元逐层的“传话”，反思的信息逐渐减弱，到最后面的几层神经元时，它们可能就会接收不到反思信号了，因此不知道自己该如何反思。“反思”过程戛然而止，小瓜 AI 也无法更新自己的知识。

为了解决这个问题，科学家后来研究出了深度学习。深度学习可以逐层进行训练，尽最大可能地避免信号消失的问题。再拿传话游戏打个比方，如果老师在逐人传话的过程中，要求两个人在传话时必须反复确认对方已准确无误地获得了自己传递的信息，那么我们可以相信，当信息最后传递到你时，信息的准确度会非常高。深度学习逐层训练的方式与这个过程很相似。

老师找小明
去办公室谈话！
好像不是这
样说的……
学习委员
小组长
小明被老师
"开小灶"啦！
你确定吗？
学习委员
小组长

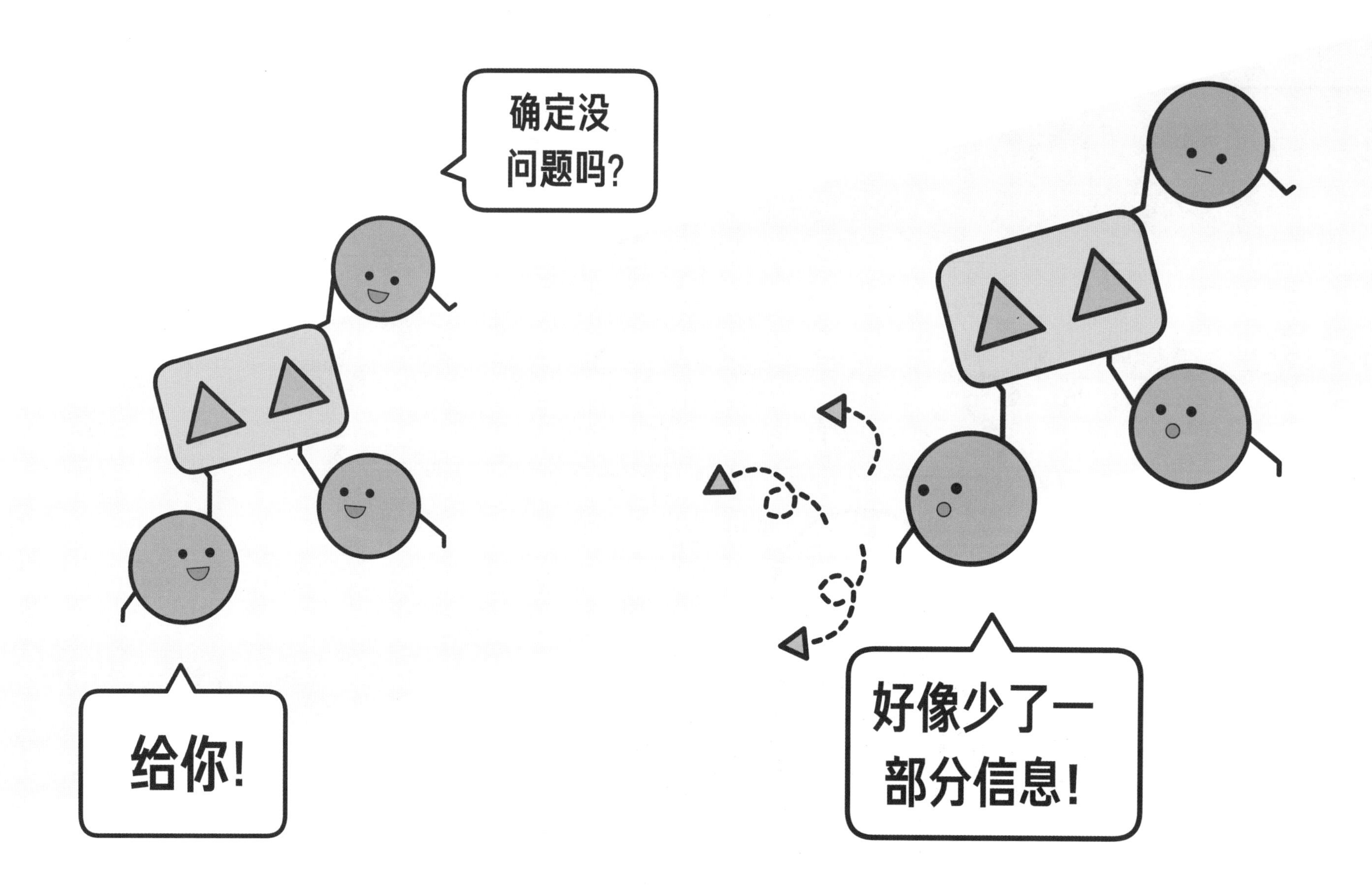
确定没
问题吗?
给你!
好像少了一
部分信息!

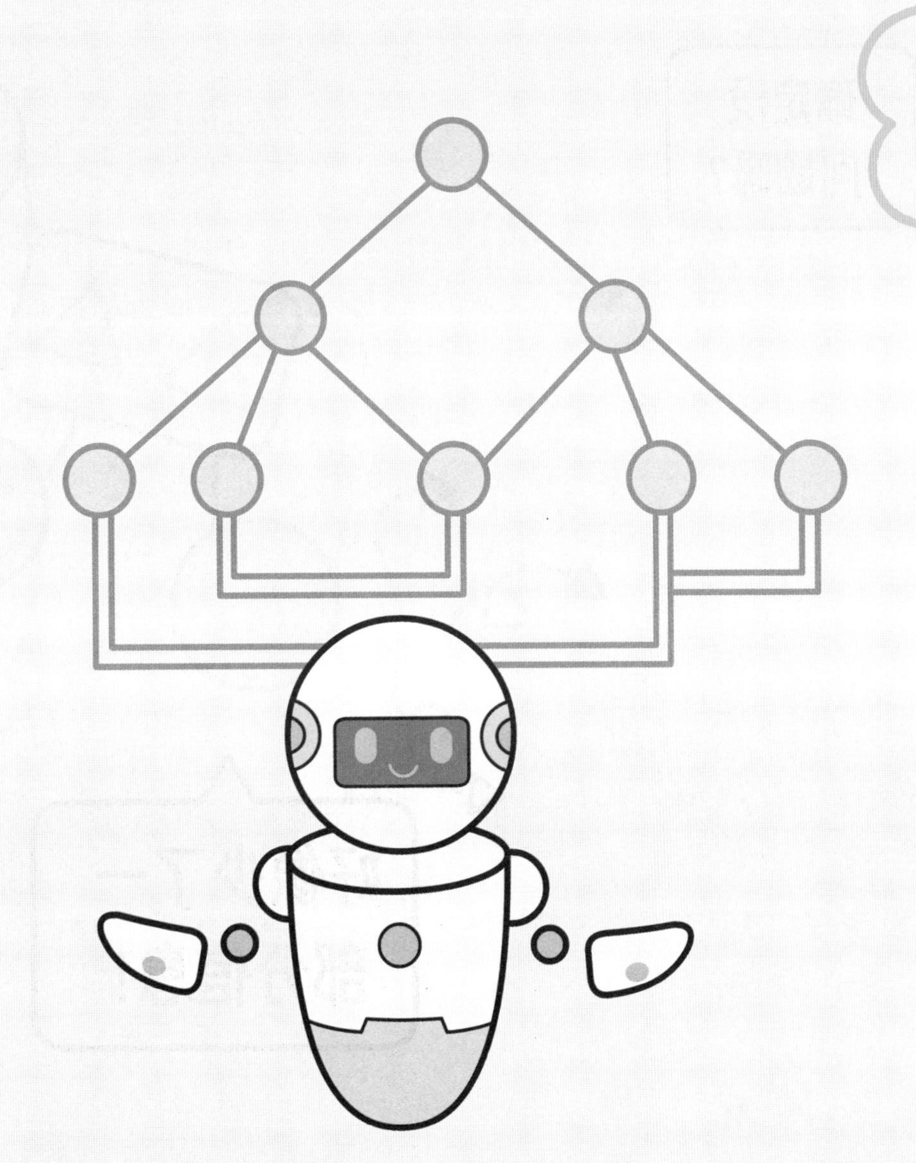

为什么深度学习
在今天能获得成功？

近些年来，AI 的智能飞速发展，越来越多的 AI 从实验室走入了我们的生活之中。深度学习在推动 AI 的发展中起了至关重要的作用，就像经过深度学习训练的小瓜 AI 也能更好地“认瓜”。但要知道的是，深度学习这一提法早在 2006 年就已经有了，直到近些年才有了井喷式的发展，这又是为什么呢？

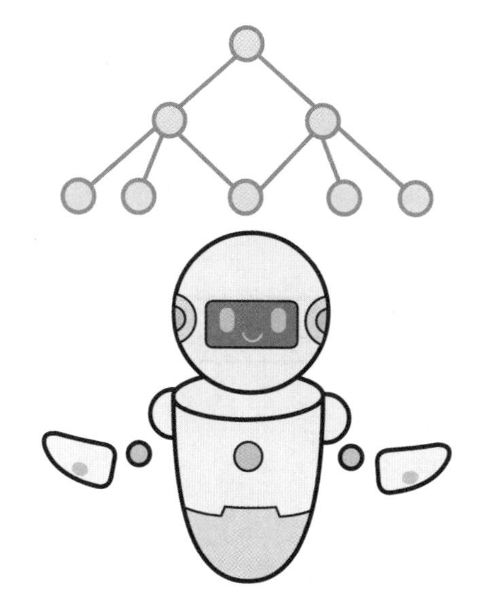

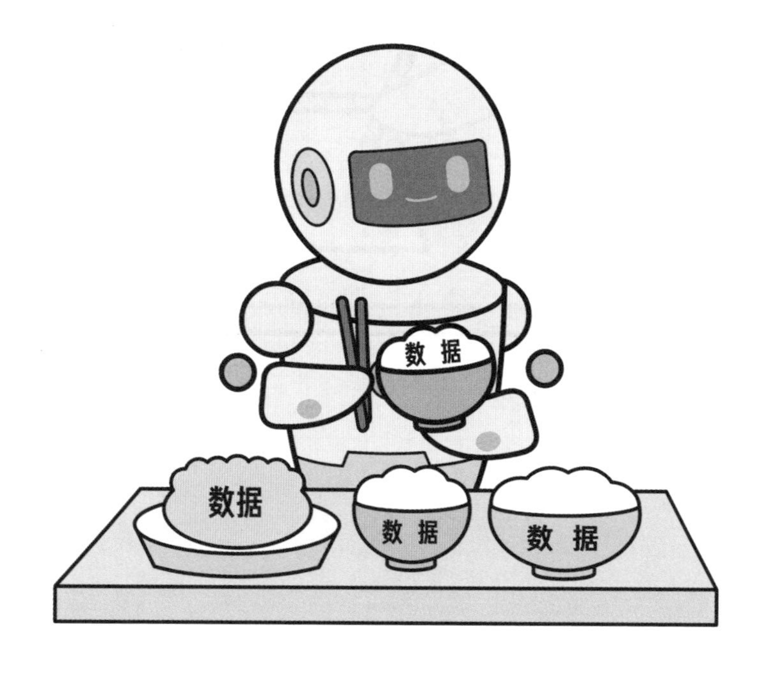

原来人类社会已经进入了“大数据”时代，大量的数据可以被轻易地获取、记录和存储，科学家为小瓜 AI 收集到了更多质量更高的数据，可以让它的神经网络吃得饱饱的。同时，科学家为小瓜 AI 换了一个新的大脑，每秒可以计算的次数大幅提升。科学家还教会了小瓜 AI 一个更高效的学习训练方法，可以使小瓜 AI 的学习速度大幅提升。在科学家的帮助下，小瓜 AI 很快就完成了学习训练，分辨瓜的能力得到了快速提升，准确率比农民伯伯还要高。

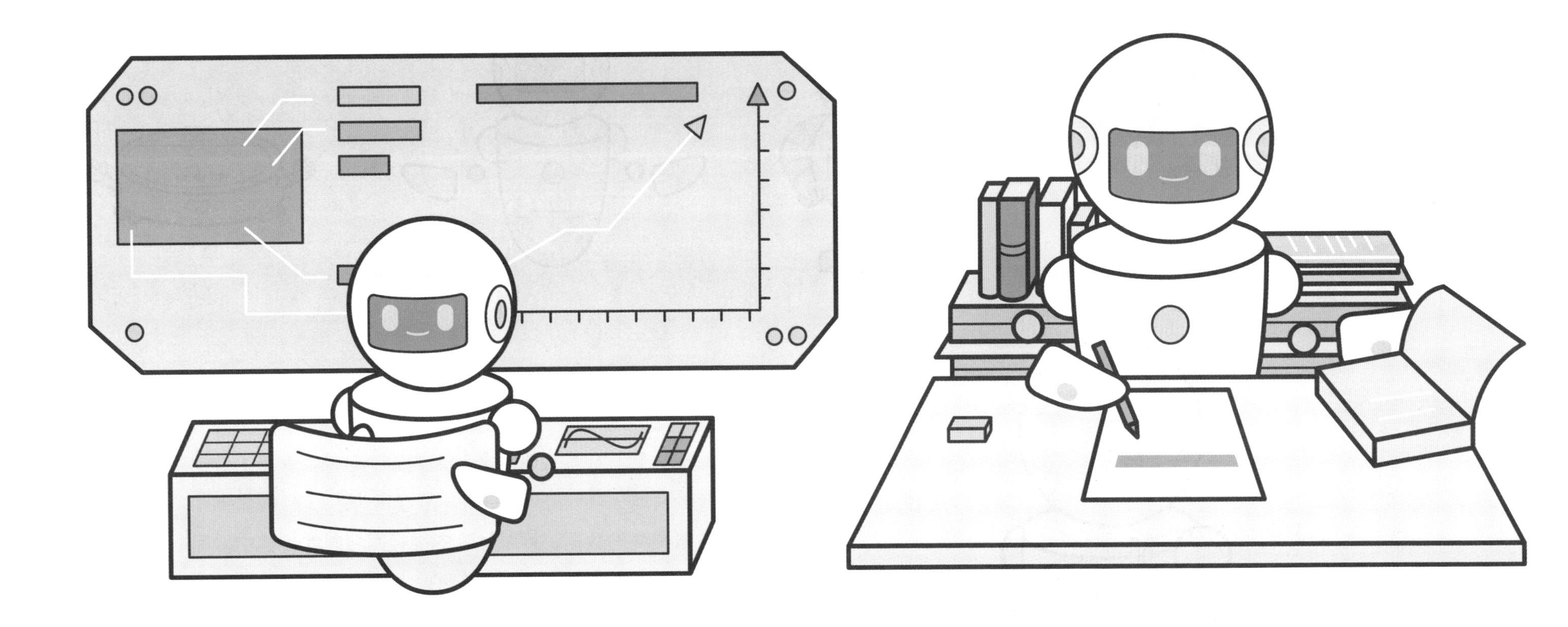

通过上面小瓜 AI 的例子我们可以看出，当前深度学习的成功主要依赖于以下三个方面：更多更高质量的数据可以“喂饱”神经网络；更强力的计算设备可以让 AI 计算速度更快；更有效的训练方法可以提高 AI 的训练效率。说到这里，要感谢那些为神经网络的发展默默耕耘的科学家，是他们能够沉下心来，为计算机领域做出了持久且具有重大意义的技术贡献。2019 年，Geoffrey Hinton、Yann LeCun 和 Yoshua Bengio 三位科学家荣膺计算机领域最崇高的一个奖项——“图灵奖”。我们可以相信，经过几辈科学家的不懈努力，AI 必将更加智能。

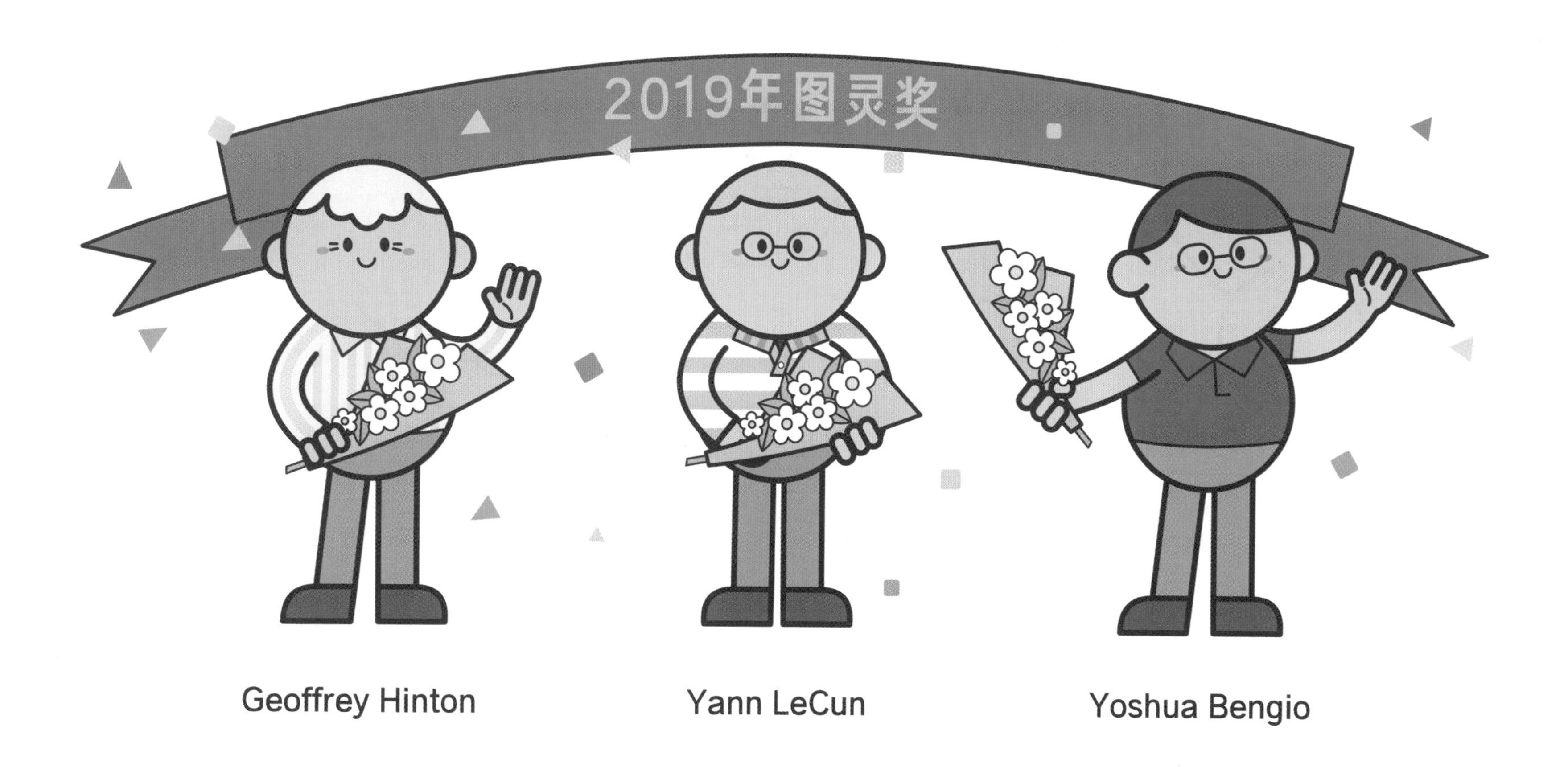

人工神经网络和人类大脑神经网络到底有什么关系？

人们想要飞翔于天空，于是模仿鸟儿的结构制造出了飞机；人们想探秘海底，因此模仿鱼类的沉潜方式制造了潜水艇。这些都是渗透了仿生学的学问。所谓的仿生学，就是模仿生物特性来“造物”的学问。人工神经网络也是如此。人们希望计算机能够像人类一样思考问题，于是想要模仿人类思考的“终端”——大脑的结构来制造“机器大脑”。

那么，人工神经网络是如何模拟人类大脑神经网络的呢？

人类大脑神经网络由无数个手拉手的神经元连接而成。每一个神经元包含细胞体和突起。细胞体是大大的鼓包，是信息处理的主要部分。突起分为树突和轴突。短短的突起被称为树突，用来接收其他细胞或神经元传递来的信号。而细胞体后面拖着的长尾巴是轴突，用来将处理后的信号传递出去。手拉手的神经元就是由前一个细胞的树突和后一个神经元的轴突连接而成。我们身体中大概有 900 多亿个神经元，这个数量大概与宇宙中星系的数量相当。正是这些数量繁多的神经元交叉连接，组成了生物神经网络，才使得人类能听会说，能看会认，能理解会思考，拥有超越一切生物的非凡智慧。

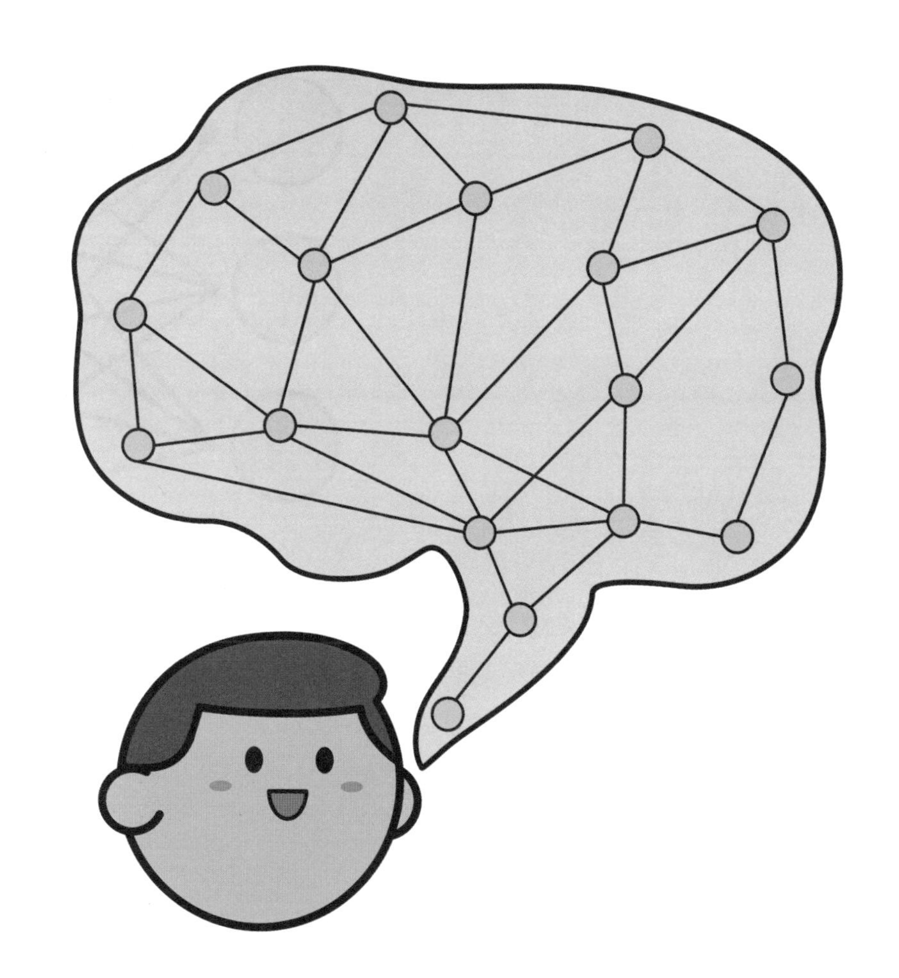

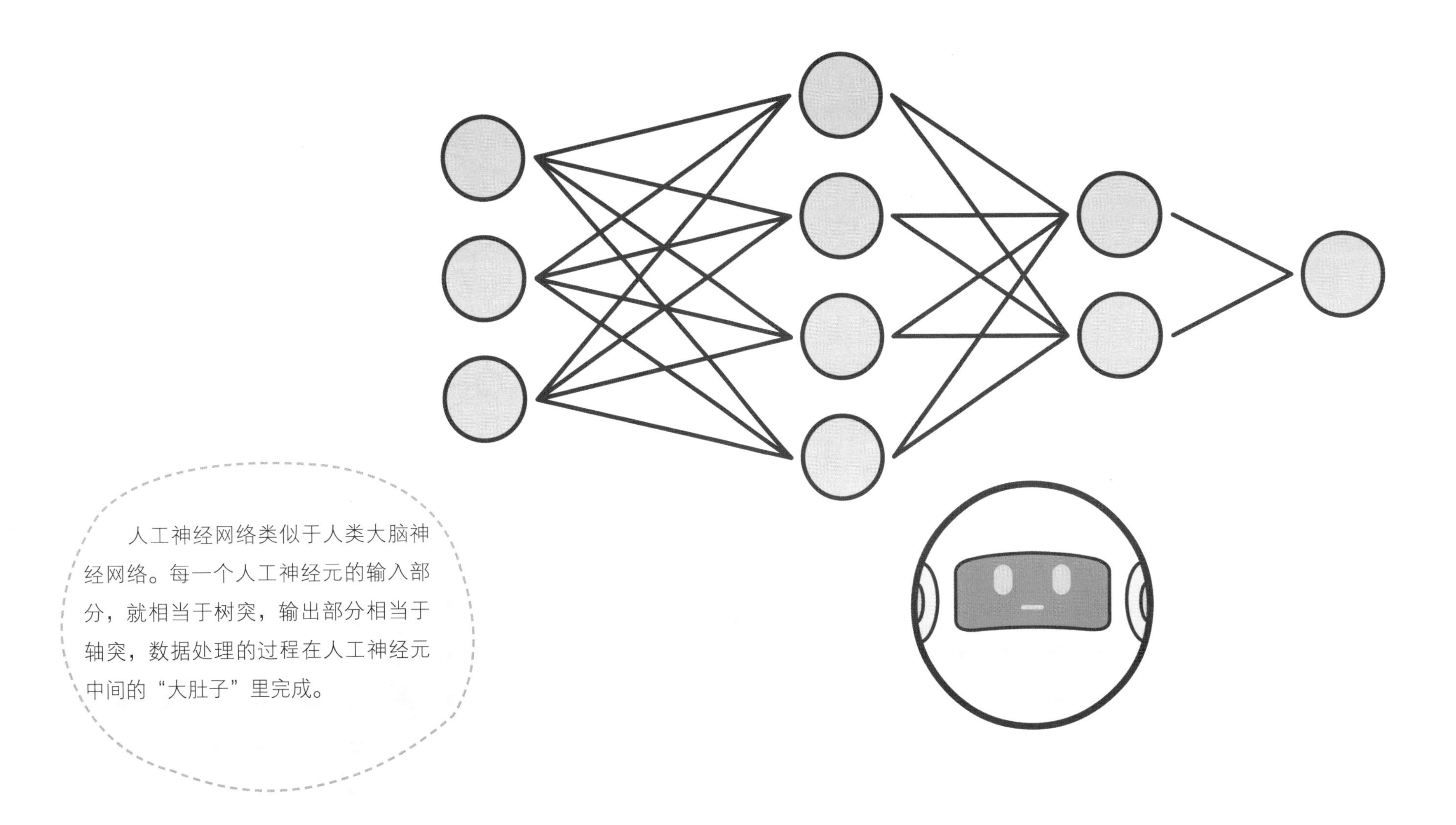

人工神经网络类似于人类大脑神经网络。每一个人工神经元的输入部分，就相当于树突，输出部分相当于轴突，数据处理的过程在人工神经元中间的“大肚子”里完成。

另外，在处理事情的方法上，人工神经网络与人类神经网络也是类似的。

比如骑自行车，最开始我们骑车时，总是无法掌握平衡。这是因为负责控制我们四肢肌肉的神经元和感受平衡的神经元之间连接比较弱，并不能很好地控制我们的身体，以保持平稳地骑车。但是，随着一次次摔倒、爬起，然后再摔倒，再爬起来……我们就这样学会了骑自行车。这背后，正是因为骑车所调动的神经元们根据这些摔倒、爬起等结果反馈，在我们身体里调整神经元之间已有的连接，甚至形成新的连接，让我们形成新的记忆，让我们在骑自行车时能更好地控制身体，最终骑车骑得越来越平稳。

可以看到，人工神经网络与人类大脑神经网络无论是结构还是工作机制都很相似，科学家在设计人工神经网络时，受到了大脑神经网络的启发。但不同的是，人工神经网络的神经元之间的连接，一旦设计好，就不会改变，它只能在这些已有的连接里形成新的知识；而人类大脑神经网络可以在神经元间形成新的连接，学习的效率更高，效果更好。

现在，人工神经网络的能力还远不如人类大脑神经网络，人类大脑神经网络中也还存在着许多未解之谜。科学家正在不断地探索新的方法，设计出更接近人类大脑神经网络的人工神经网络，朝着强人工智能的方向不断前进。

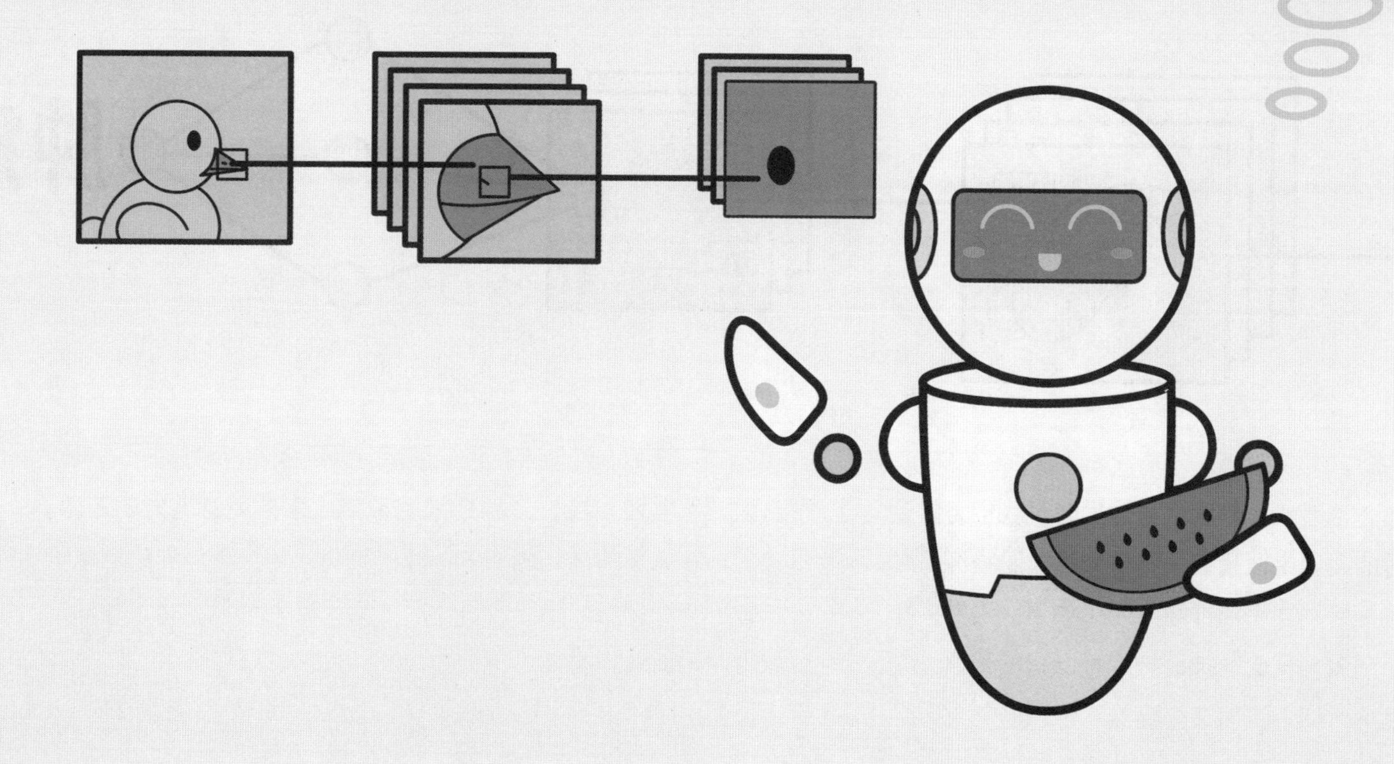
什么是卷积神经网络？

071
少年AI一百问

卷积神经网络是一种主要应用于图像处理领域的人工神经网络，它可以帮助我们识别图像中的物体，从合影中找到特定的人，甚至能帮助医生在CT片中找到肿瘤的位置。卷积神经网络也是科学家们参考人类神经系统中的感受野发明出来的，那什么是感受野呢？

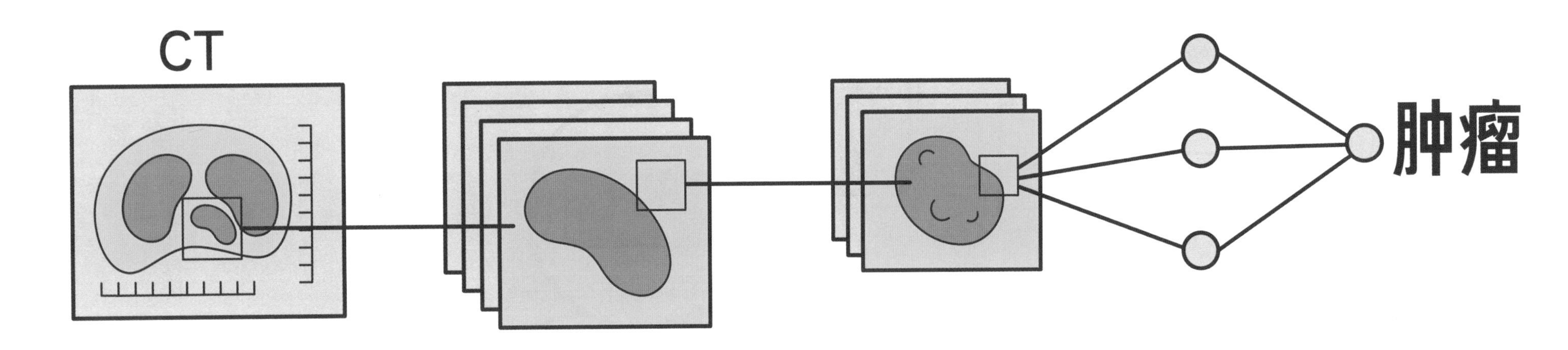

小朋友们都打过针，当针头扎到我们身体里时，我们为什么会感觉到痛呢？在前面的几问中，我们学到了人类大脑神经网络的概念。因此我们知道，是一连串的神经元起了作用。当针头扎进皮肤，皮肤会接收到刺激，表皮的神经细胞可以将信号通过与其连接的神经细胞传递给大脑，进而产生痛觉。但皮肤的表面积那么大，不可能只由一个神经细胞来接收来自所有地方的刺激。事实上，在人类的进化过程中，为了更高效地处理外界的刺激信号，每个神经细胞只接收来自特定区域皮肤的刺激。这个特定的区域就叫感受野。

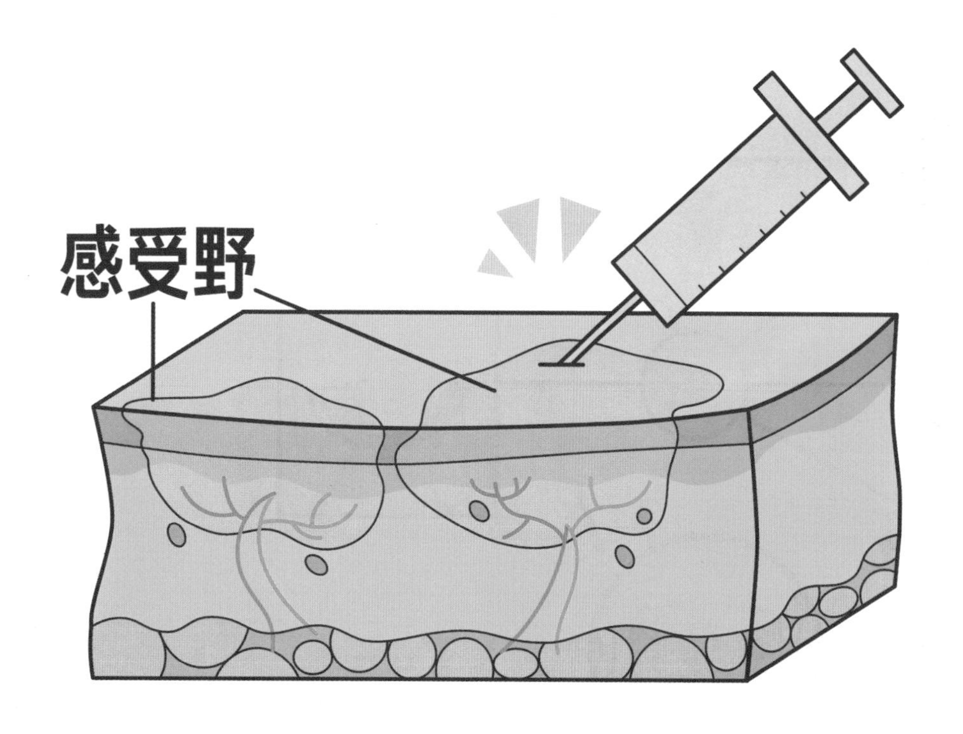

卷积神经网络中，使用卷积核来模拟人类的感受野。卷积核可以被看作一个小的处理器，它可以从上一层输出的信息中提取出更高层次的信息。举个例子：如果小瓜 AI 想利用卷积神经网络分辨西瓜，它要怎么实现呢？

程序员给了小瓜 AI 一张 256×256 像素的图片，小瓜 AI 先用一个 4×4 像素的卷积核在图片上依次扫一遍，收集图片里的信息。由于采用了卷积核，小瓜 AI 每次都只收集了 4×4 像素这一小区域的信息。然后小瓜 AI 对这些收集来的信息进行整理，它有可能发现，卷积核处理后可以得到图片的边缘信息。然后以同样的步骤，小瓜 AI 用另一个 4×4 像素的卷积核扫描这些边缘信息并再进行整理，从这些边缘中识别出图片的纹理、形状等。通过利用卷积核不断地扫描并整理，小瓜 AI 最终能认出这张图片中的物体是一个西瓜。

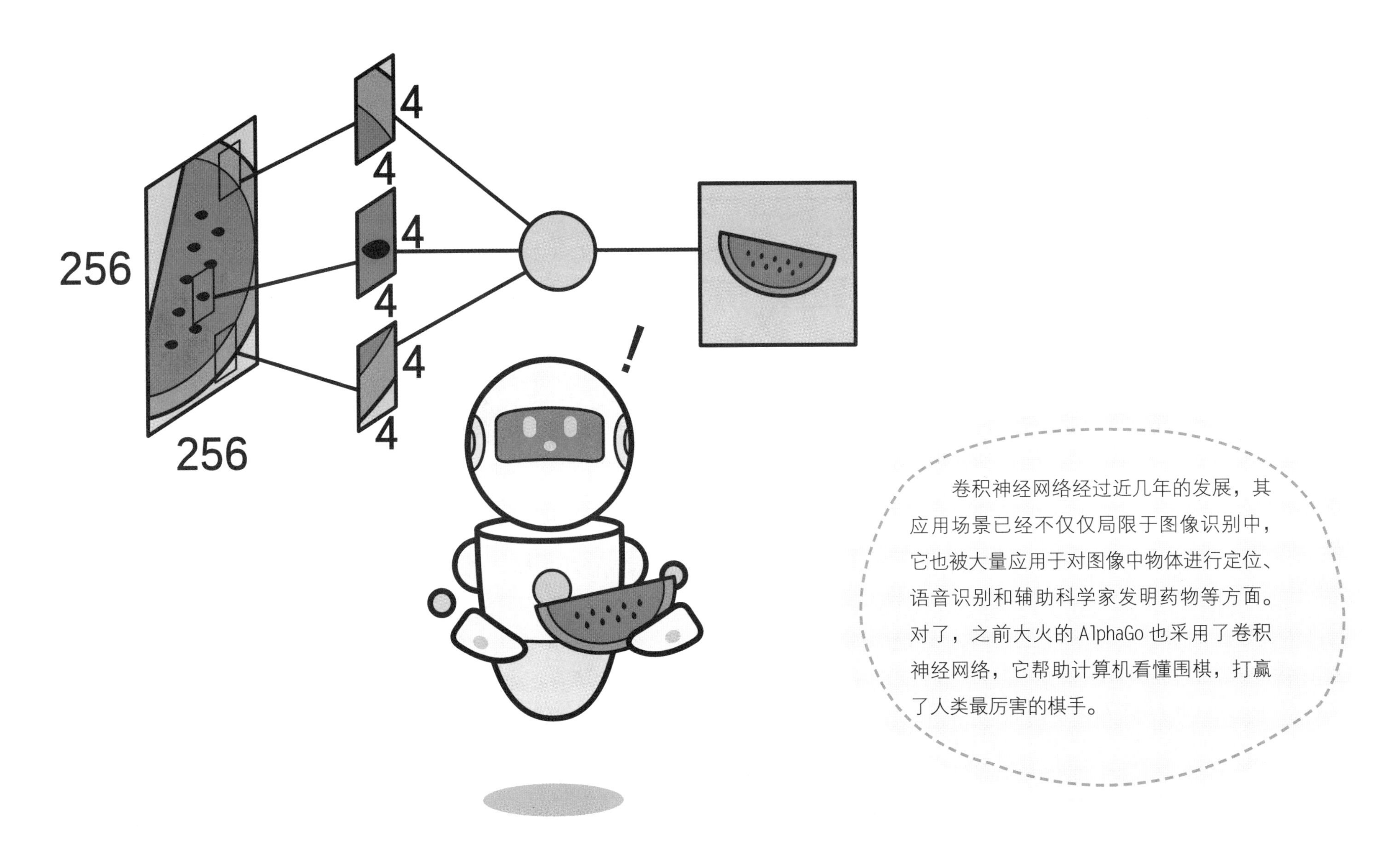

卷积神经网络经过近几年的发展，其应用场景已经不仅仅局限于图像识别中，它也被大量应用于对图像中物体进行定位、语音识别和辅助科学家发明药物等方面。对了，之前大火的 AlphaGo 也采用了卷积神经网络，它帮助计算机看懂围棋，打赢了人类最厉害的棋手。

AI是怎样分辨颜色的？

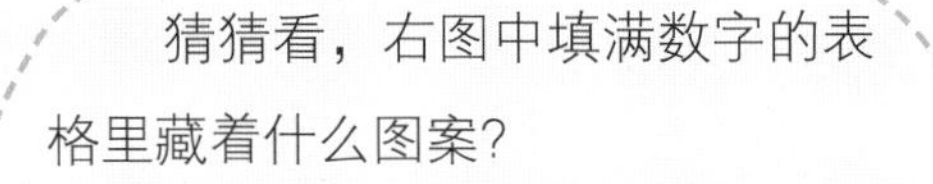

猜猜看，右图中填满数字的表格里藏着什么图案？

如果猜不出，快拿起你的彩笔吧，按照色卡上数字对应的颜色填涂：1 涂成黑色，2 涂成红色，3 涂成绿色，4 涂成白色。

4	4	4	4	4	4	4	4	4	4	4	4	4	4	4	4
1	3	2	2	2	2	2	2	2	2	2	2	2	2	3	1
1	3	2	4	2	1	2	2	2	2	2	1	2	2	3	1
1	3	2	2	4	2	2	2	2	2	2	2	2	2	3	1
4	1	3	2	4	2	1	2	2	2	1	2	2	3	1	4
4	4	3	2	2	2	2	2	2	1	2	2	2	3	1	4
4	4	1	3	2	2	2	2	2	2	2	2	3	1	4	4
4	4	4	1	3	3	2	2	2	2	3	3	1	4	4	4
4	4	4	4	4	1	3	3	3	3	1	4	4	4	4	4
4	4	4	4	4	4	4	4	4	4	4	4	4	4	4	4

我找到了1，
这里填黑色！

哈哈！没错，图案就是我们夏天最喜爱的西瓜。在表格中每个方块是一个色块。色块的颜色用数字来记录。AI 分辨颜色就是通过读取这些数字来实现的。

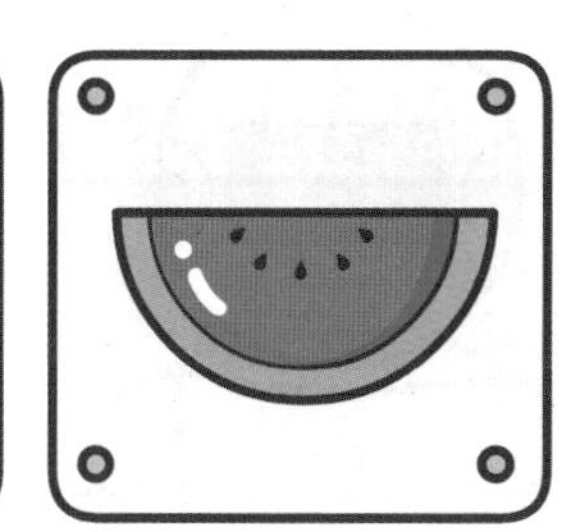

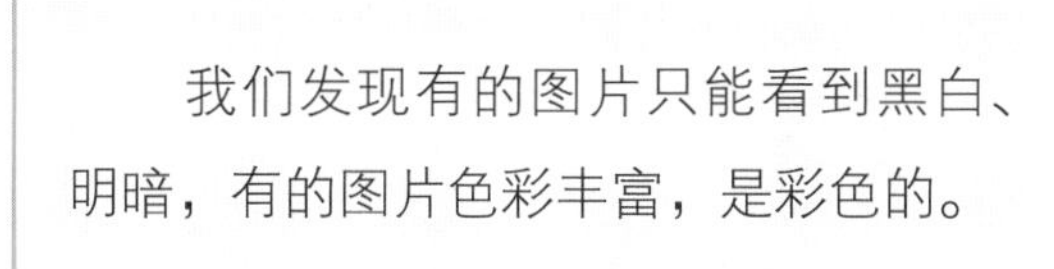

我们发现有的图片只能看到黑白、明暗，有的图片色彩丰富，是彩色的。

比如像这样的，只有黑白的图，我们通常只需要用到黑色和白色，我们把黑色标记为 0，白色标记为 1。黑色和白色就是我们的色卡。

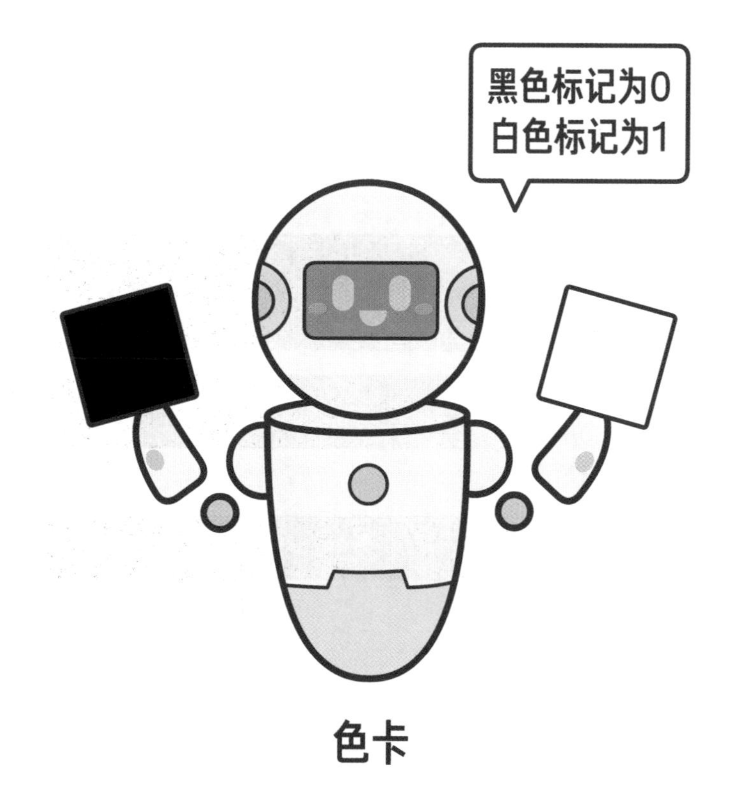

色卡

而像老照片一样的图，我们就需要多一些色卡了，一般我们将从黑到白，用256种不同的灰色来表示，因此就需要256个数字来对应这256个色卡。

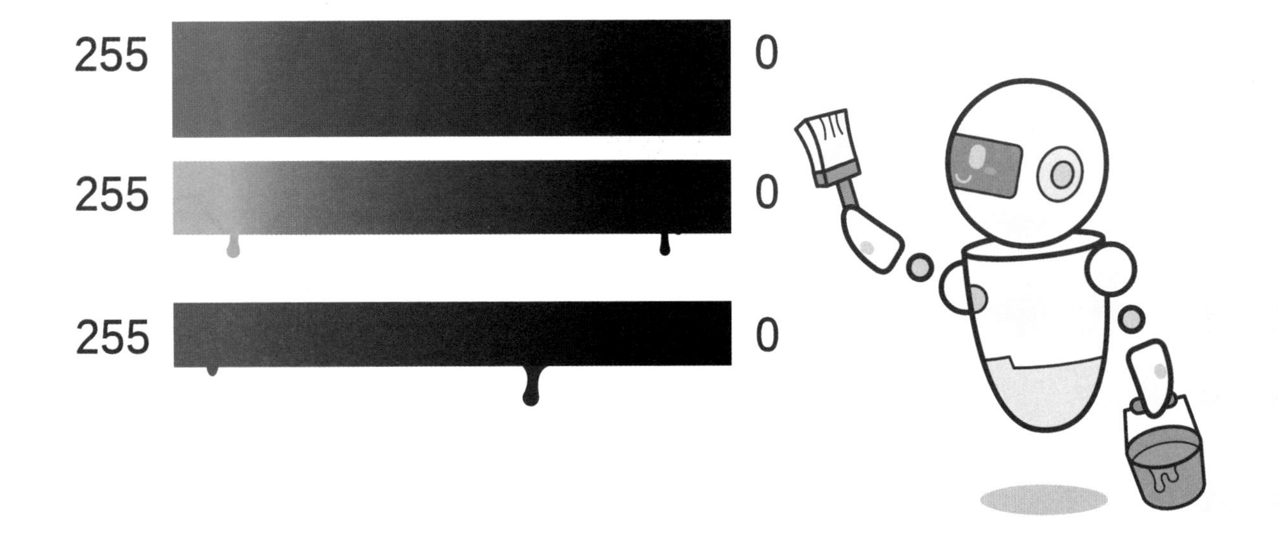

然而生活中我们遇到更多的还是彩色的图片。彩色的图片在计算机中其实是可以由三种基本颜色任意组合而成的。这是因为人的眼睛生来就有负责感知红、绿、蓝三个颜色的神经元。因此，计算机模拟人眼的视觉感官，将红、绿、蓝作为三种最基本的颜色。

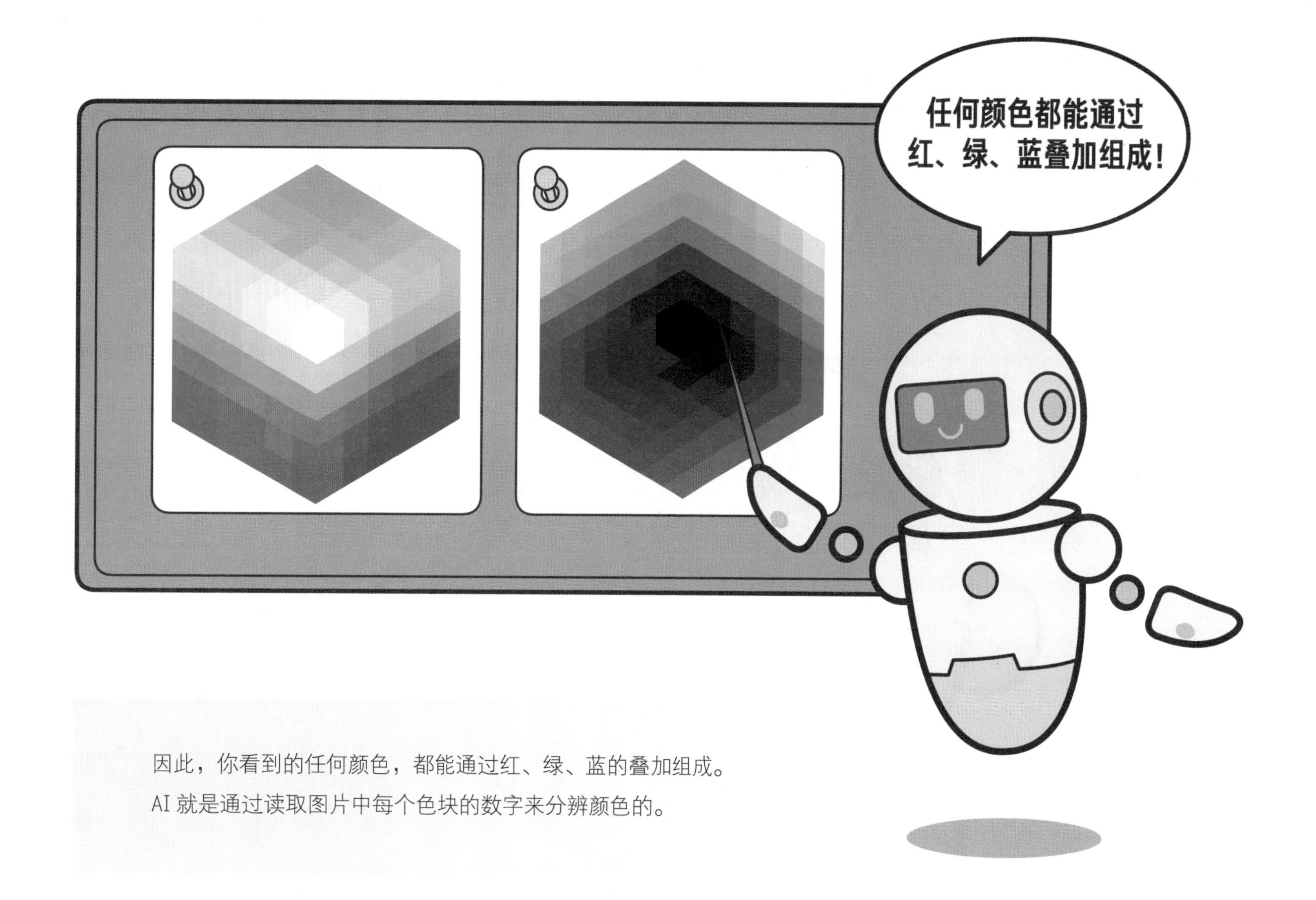

因此，你看到的任何颜色，都能通过红、绿、蓝的叠加组成。

AI 就是通过读取图片中每个色块的数字来分辨颜色的。

“刷脸”到底是一种什么样的黑科技？

“刷脸”快速支付、“刷脸”快速解锁手机、“刷脸”进入小区大门……“刷脸”技术渐渐替代了“刷卡”“刷指纹”，让我们的生活越来越便捷。那么，“刷脸”到底是一种什么样的黑科技?

“刷脸”的核心技术其实是人脸识别。

近些年，人脸识别技术发展迅速，“刷脸”的识别准确率可高达 99%。我国的“天网”监控系统，就是利用这项技术来抓捕坏人的。据说，只需在街巷的各个角落布下摄像头，“天网”监控系统可以实时找出摄像头拍摄的人脸，利用人脸识别技术与事先录入的坏人人脸信息进行匹配，以识别坏人身份。在前几年，有一名外国记者在贵阳就体验了一下“天网”。他的照片刚录入“天网”系统，遍布在街头的摄像头就立马捕捉到了他的身影。在短短七分钟内，警察叔叔就找到了他。人脸识别技术可以在茫茫人海中精确地找到指定的人，而且发生错误的可能性非常低。

在生活中，想“骗”过人脸识别系统并不容易。曾经有人想通过戴面具的方式破解人脸识别系统，但聪明的科学家在人脸识别系统中加入了红外线来检测面部的温度。当坏人戴上面具时，由于脸部的温度跟真实皮肤有较大差异，红外线会立刻检测出这一张脸并非真的人脸，进而阻止他进入。

当然了，人脸识别系统也不是无懈可击。如果你有一个和你长得一模一样的双胞胎兄弟，那人脸识别系统可能也无法直接分辨出你们两个人。

从总体而言，人脸识别系统发生错误的可能性还是相当低的。它足够强大、足够安全，可以很好地服务我们的生活。

什么是自然语言和自然语言处理？

在我们牙牙学语时，爸爸妈妈并没有刻意教我们语法规则，但我们也学会了说话。像中国人说汉语，外国人说英语、法语、日语，我们日常中交流使用到的语言，是自然而然形成的，我们称之为自然语言。

自然语言，是人与人之间沟通交流的工具。随着科学技术的发展，我们也希望与计算机进行沟通和交流。在过去，我们用键盘和鼠标来敲敲点点，输入一堆字符和命令就可以让计算机帮我们做事。随着人工智能的发展，人们希望可以和机器用语言来沟通。

西瓜
爸爸妈妈新年好！
你们身体还好吧？
好！好！你在外面
不用操心我俩！
好！好！你在外面
不用操心我俩！

能使机器理解人的语言的含义，并能和人类进行有效沟通和交流的技术和方法，我们称之为自然语言处理。

我们与计算机对话，计算机能理解吗？比如问计算机今天天气怎么样，计算机能理解句子的含义吗？你可以试试使用手机的语音助手，尝试问手机这个问题，你会发现，现在的智能手机会给你播报：北京今天天气晴，气温26℃，空气质量优……

机器怎么能够理解我的话呢？事实上，用到的就是自然语言处理技术了。

自然语言处理技术可以简单、直观地理解为教会计算机做三种工作。

第一，让机器对自然语言文本进行分类。比如自动去识别一段新闻属于哪一类别，或者对淘宝的评价进行信息分类。如果你在评价中说“我太喜欢啦，产品非常好”，那么机器会根据文本分析把你的话自动分类到好评中。

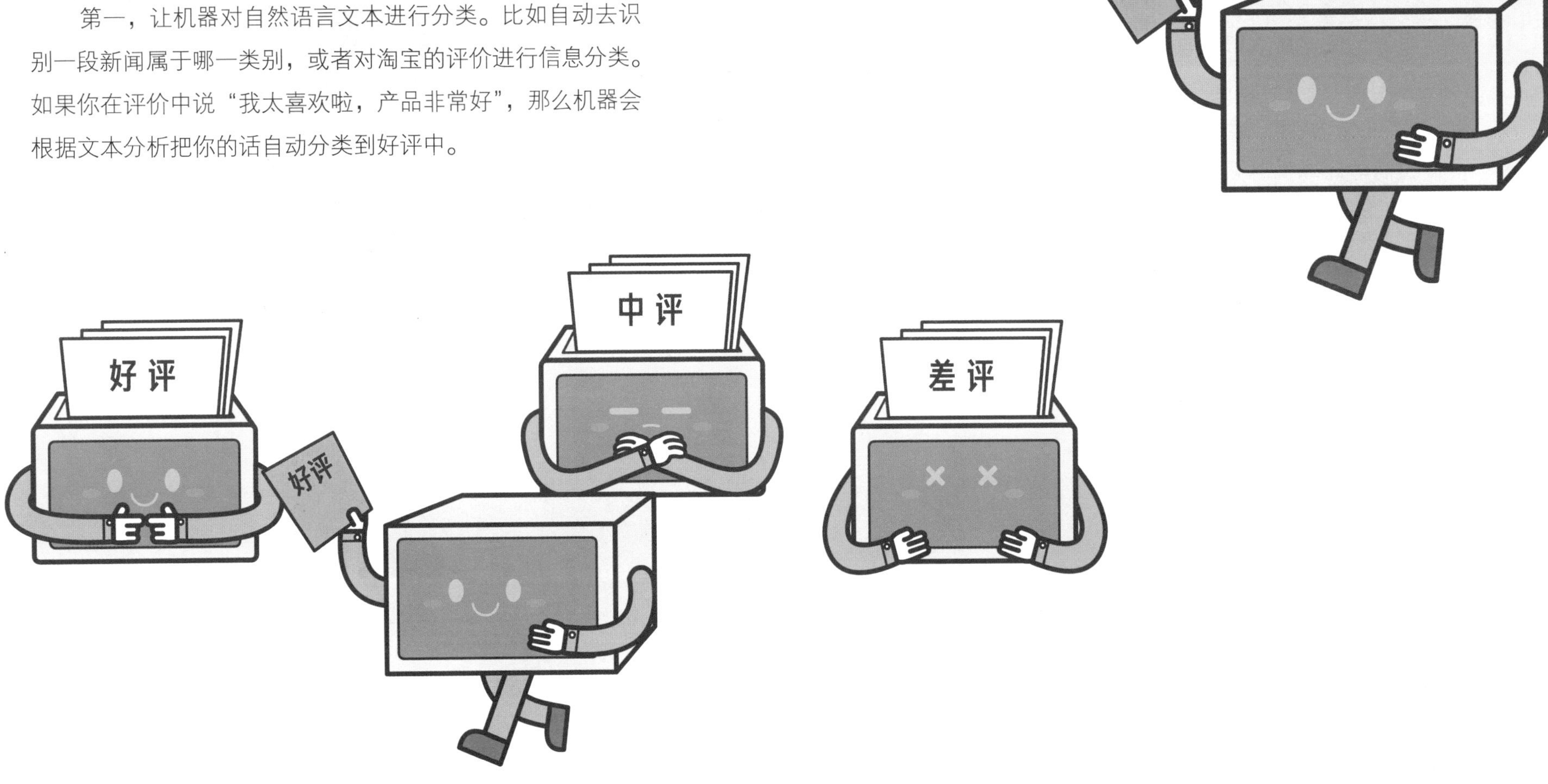

第二，让机器从自然语言文本中提取出关键信息。比如让机器学习一段新闻内容，它就可以自动识别出其中出现了什么重要人物和地点，或者发生了什么重要事件。目前机器已经能够阅读病历了——通过从海量病历文本中提取出来的病症和用药信息，为智能诊疗提供重要的参考。

第三，让机器自己生成自然语言文本。以最常见的智能翻译机为例，你对着翻译机说：How old are you？翻译机会自动生成中文：你几岁啦？再如用于陪伴和聊天的机器人，它能够自己生成好玩的回复内容，像一个小伙伴一样与你聊天。你看到的很多新闻稿件背后的作者可能也是一个机器人呢。

当然，这几项工作相互之间也是有关联的，很多自然语言处理场景也会同时涉及这几项工作。另外，在这几项工作的背后，语言学的知识对于自然语言处理也是不可或缺的，语言学家可是默默地做出了很多贡献呢。并且，如何把一个个独立的文字高效精准地转变为可以“喂”给神经网络的数据，也是一项重要的工作。这些可都是自然语言处理的基础支撑技术。

计算机能够懂我们的语言其实并不是件容易的事，因为汉语中有一词多义、同音不同字、重音的读法等多种情况。比如“我没说他拿了你的书”这句话，重音不同，表达的意思就不一样。

我没说他拿了你的书。
我没说他拿了你的书。
我没说他拿了你的书。
我没说他拿了你的书。
我没说他拿了你的书。
我没说他拿了你的书。

另外，语境不同，上下文不同，会造成同音不同意的表达。“他发言了”和“他发炎”了。发音相同，表达的含义却不同。

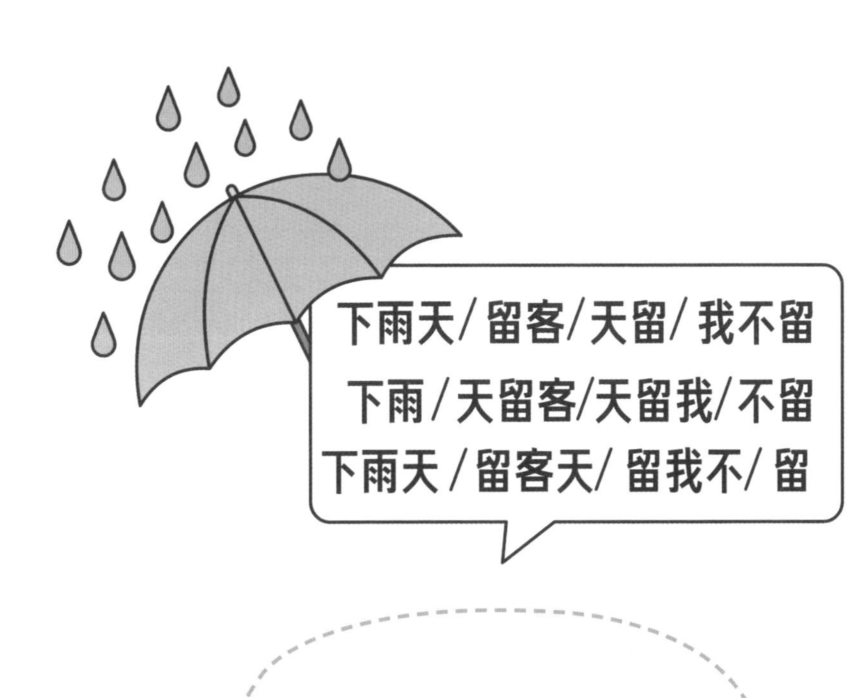

说话断句的位置不同也会造成含义的不同，经典的“下雨天留客天留我不留”就有很多种组合和含义。

再有，“爷爷抱不动小华，因为他太胖了”中“他”是指谁的问题，有两种含义：爷爷抱不动小华，因为小华太胖了；爷爷抱不动小华，因为爷爷太胖了。

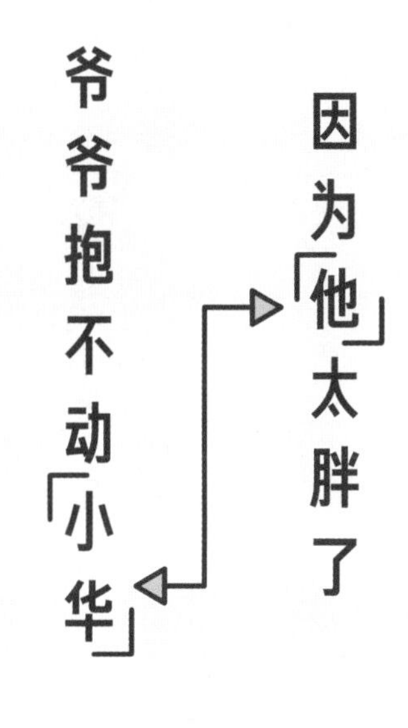

从上面的例子，可以看到理解自然语言是一件很困难的事情。我们人类学习和表达主要是通过自然语言来完成的。比如你正在读的这本书，大部分是自然语言文本；你向别人诉说想法或者传播知识也主要是通过自然语言完成的。如果机器能完全理解自然语言，可能我们离强人工智能也不远了，所以比尔·盖茨曾经说过，“自然语言处理是人工智能皇冠上的明珠”。

AlphaGo为什么只会下棋，不会解数学题？

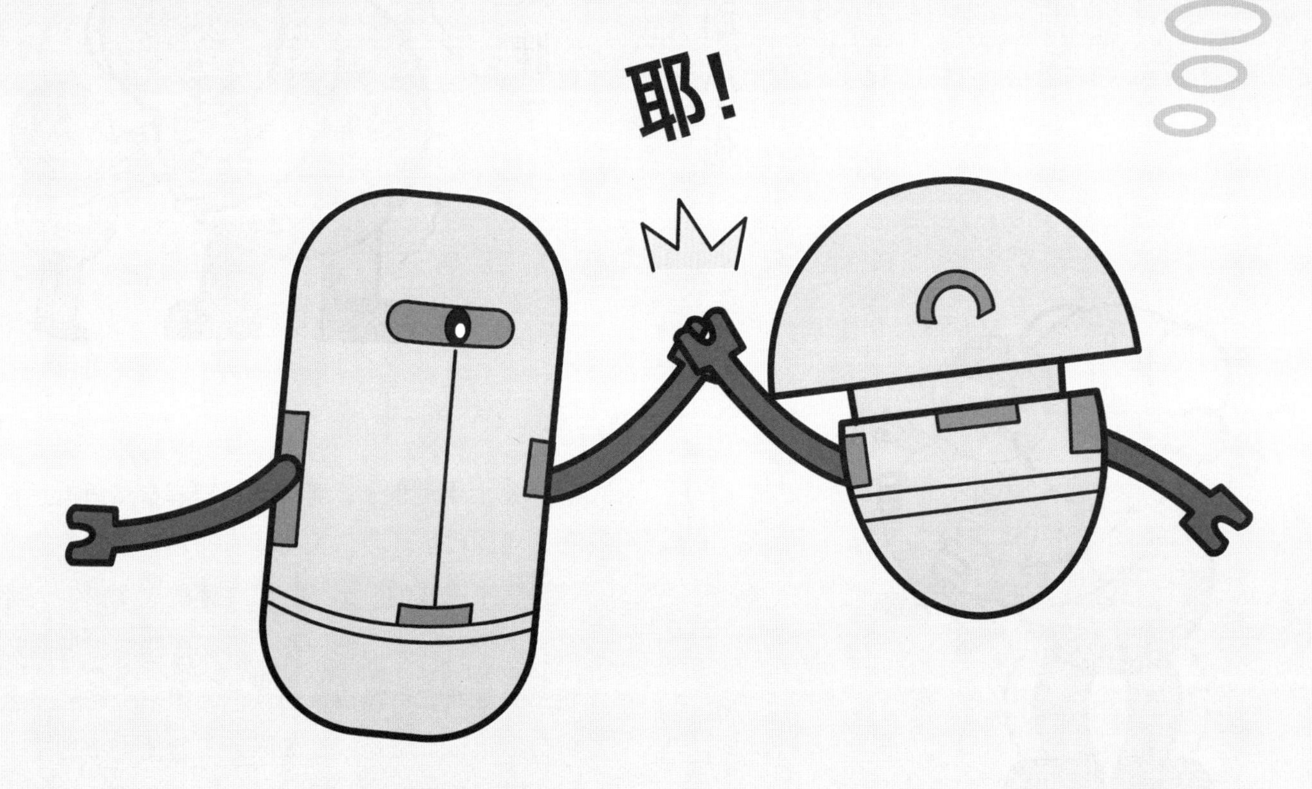

前些年，有一只“狗”火遍大江南北。这只“狗”在围棋界横扫各路高手，在2016年3月战胜了当时的围棋世界冠军——韩国选手李世石，并且在2017年5月，这只“狗”又战胜了围棋世界冠军——中国选手柯洁。这就是由Google Deepmind公司研发的围棋AI——AlphaGo。AlphaGo虽然很厉害，但是它仍然只能算是弱人工智能，只会下围棋。为什么会这样呢？首先让我们了解一下AlphaGo是如何下棋的。

AlphaGo 由两个人工神经网络大脑组成：一个是策略网络，它是一个优秀的预言家，可以预测对手下一步会把棋下在什么位置；另一个是价值网络，它是一个优秀的评分员，可以结合当前围棋的局势和未来可能出现的情况，对 AlphaGo 可能下棋的位置进行打分。

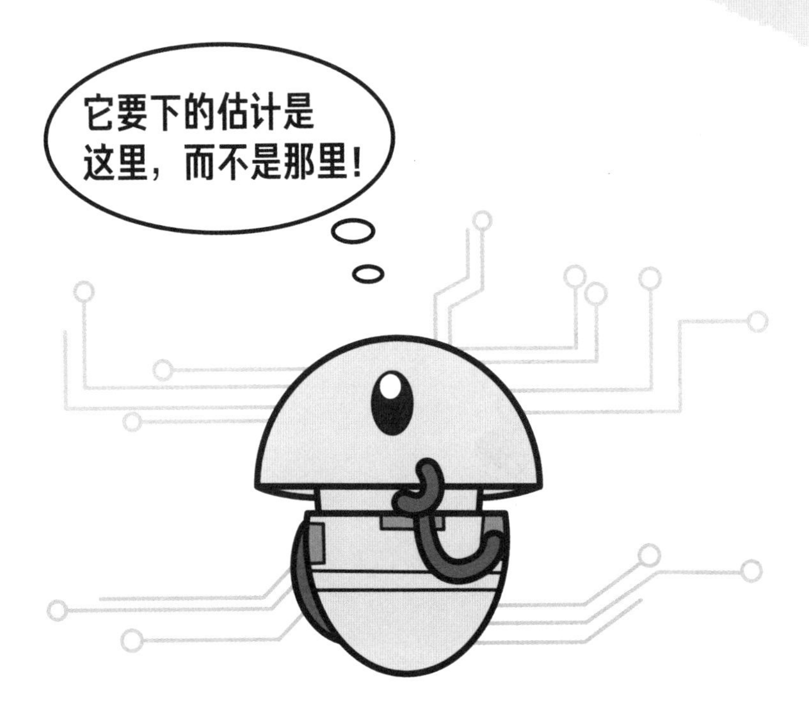

策略网络　　价值网络

其中，策略网络是通过学习人类下棋经验得到的，而价值网络则是在 AlphaGo 有了训练好的策略网络后，自己和自己下棋学习得到的。这两个大脑都是由卷积神经网络构成的，它们看到的都是一张张图片，而这些图片是由科学家根据当前的棋局设计出来的。

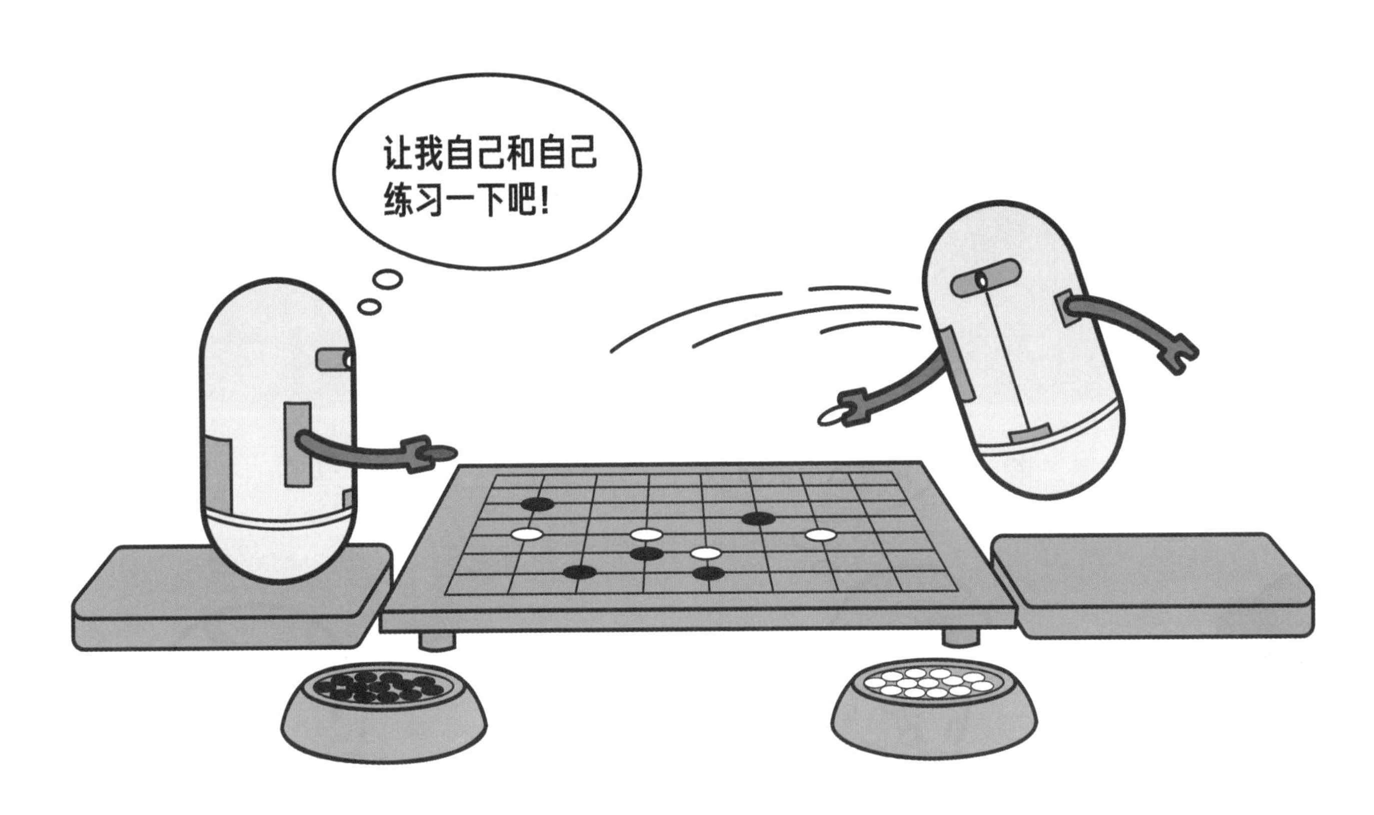

有了策略网络和价值网络，科学家为 AlphaGo 设计了一种非常高效的下棋方法，利用这种方法将策略网络和价值网络两个大脑的思考方式整合起来，获得了“1+1>2”的效果，AlphaGo 的下棋水平得到了明显提升。

通过上面的分析可以知道，AlphaGo 只能看懂围棋的盘面，它的两个大脑也是特定用于分析围棋的。此外，它的下棋方法也是针对围棋这一特定运动。因此 AlphaGo 只能下围棋，连象棋也无能为力，更不要说解数学题了。AlphaGo 还是只能被看作是弱人工智能。

虽然 AlphaGo 只会下围棋，但它的构建方法也为科学家打开了一片新天地。未来一定会有更多更厉害的 AI 出现。

同样是围棋AI，为什么AlphaGo完全不是AlphaGo Zero的对手？

076

当人们还没有从AlphaGo带来的巨大震撼中走出来时，Google Deepmind团队又推出了最新版本的围棋AI——AlphaGo Zero。它能够在不让机器学习人类下棋经验的情况下，经过3天的训练，以100：0的成绩打败它的前辈——AlphaGo。这让人类围棋冠军柯洁感叹：“对于AlphaGo的自我进步来讲，人类太多余了。”

AlphaGo Zero的大脑与AlphaGo很相近，但相对AlphaGo而言，AlphaGo Zero在以下几个方面更厉害：

（1）AlphaGo Zero没有用到任何人类下棋的数据进行训练，所有知识都是由AlphaGo Zero在自己和自己下棋的过程中习得。

（2）AlphaGo Zero将“预言家”和“评分员”合二为一，将两个神经网络整合为一个。原来要构建两个网络，干两份活儿，现在只要一个就够了，于是，AlphaGo Zero的计算量大大减少了。

（3）科学家们采用了最新的卷积神经网络架构构建AlphaGo Zero的大脑，使得AlphaGo Zero可以直接看懂当前盘面，不需要人工预先为它设计任何需要看的图片。

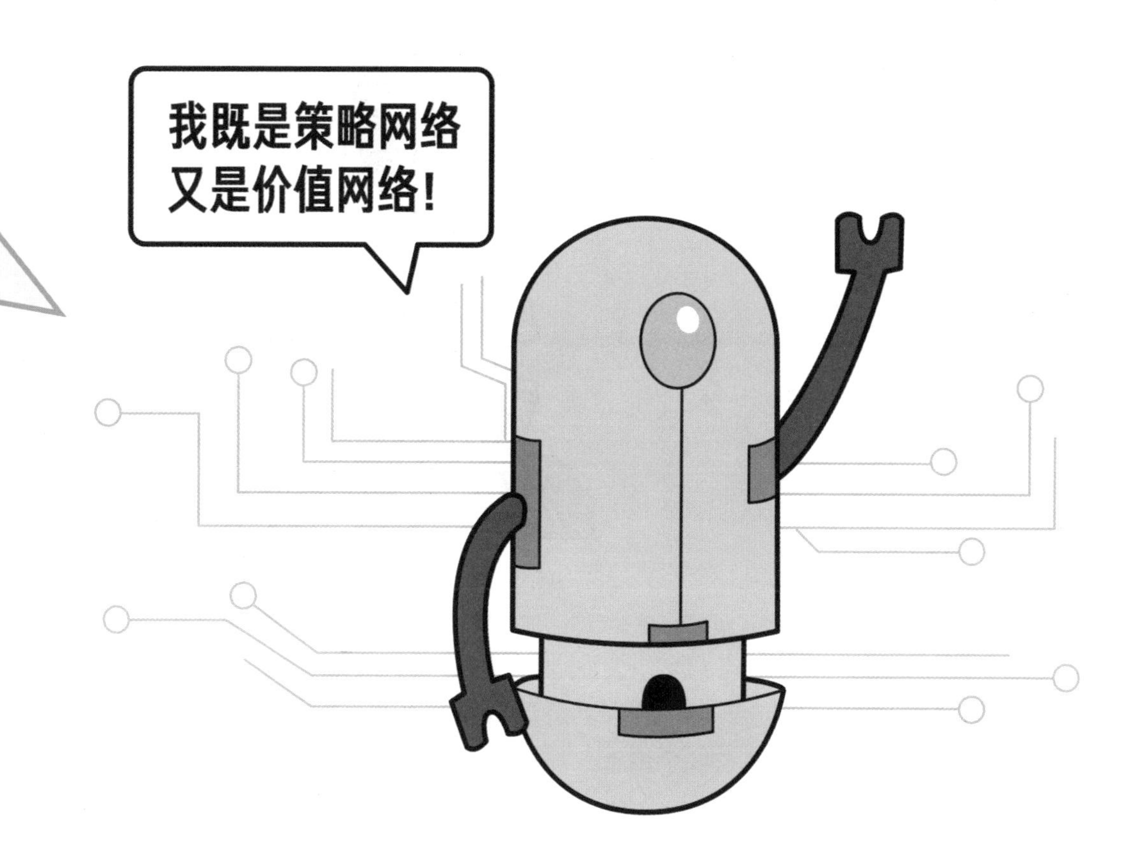

我们可以看到，没有利用人类经验数据进行学习，AlphaGo Zero可以跳出曾经人类经验的框框，甚至它还学会了许多人类没想到的着法，可能有些下法过去人类觉得不可理喻，AlphaGo Zero却可以运用它一招制敌。另外，由于计算量减少了，AlphaGo Zero可以利用更少的计算设备进行训练，节约了资源，节约了时间。直接根据当前棋盘盘面进行分析可以让AlphaGo Zero更加客观。综合以上几点，AlphaGo Zero的下棋水平达到了AlphaGo无法企及的高度。

仍然需要说明的是，AlphaGo Zero虽然更厉害，但它仍然属于弱人工智能的范畴，只能解决围棋这一特定问题，有些科学家甚至认为，AlphaGo Zero并不理解围棋真正的精髓，它只是能通过数据机械地去分析。真正的强人工智能距离我们还很远，还需要一代又一代的科学家去不断努力地探索。

导航系统的路线更新是怎样做到的？

小朋友们肯定都看到过，在爸爸开车时，突然手机的导航系统会提示："为您找到更优路线，是否选择切换？"通常，切换后的路线都能大大节约我们的时间。那么，导航系统怎么能够这么快地更新路线呢？

前面我们讲过，导航系统可以看作是由哨兵——声音接收装置、书记——语音识别系统和参谋部——规划系统构成。其中，参谋部可是导航系统的核心，它的能力是否强大决定了导航系统能不能快速顺利地把我们指引到目的地。程序员们在设计参谋部时，为它介绍了一位好朋友——导航卫星。导航卫星就像悬挂在天上的眼睛，实时注视着地面交通情况，帮助参谋部实时地更新路况。参谋部在接收到最新的路况信息后，会给可能途经的每一条街道打一个分数，这个分数代表了当前这条街道是否畅通，比如：堵塞得一动不动时，给这条街道打0分；车辆可以顺畅通行时，给这条街道打10分。接下来，参谋部会开始将各种可能的道路拼接起来，并且计算每一条道路的总分，最后找到一条得分最高的道路。这样就可以得到一条最畅通的路径。参谋部使用的方法也被称为规划算法。

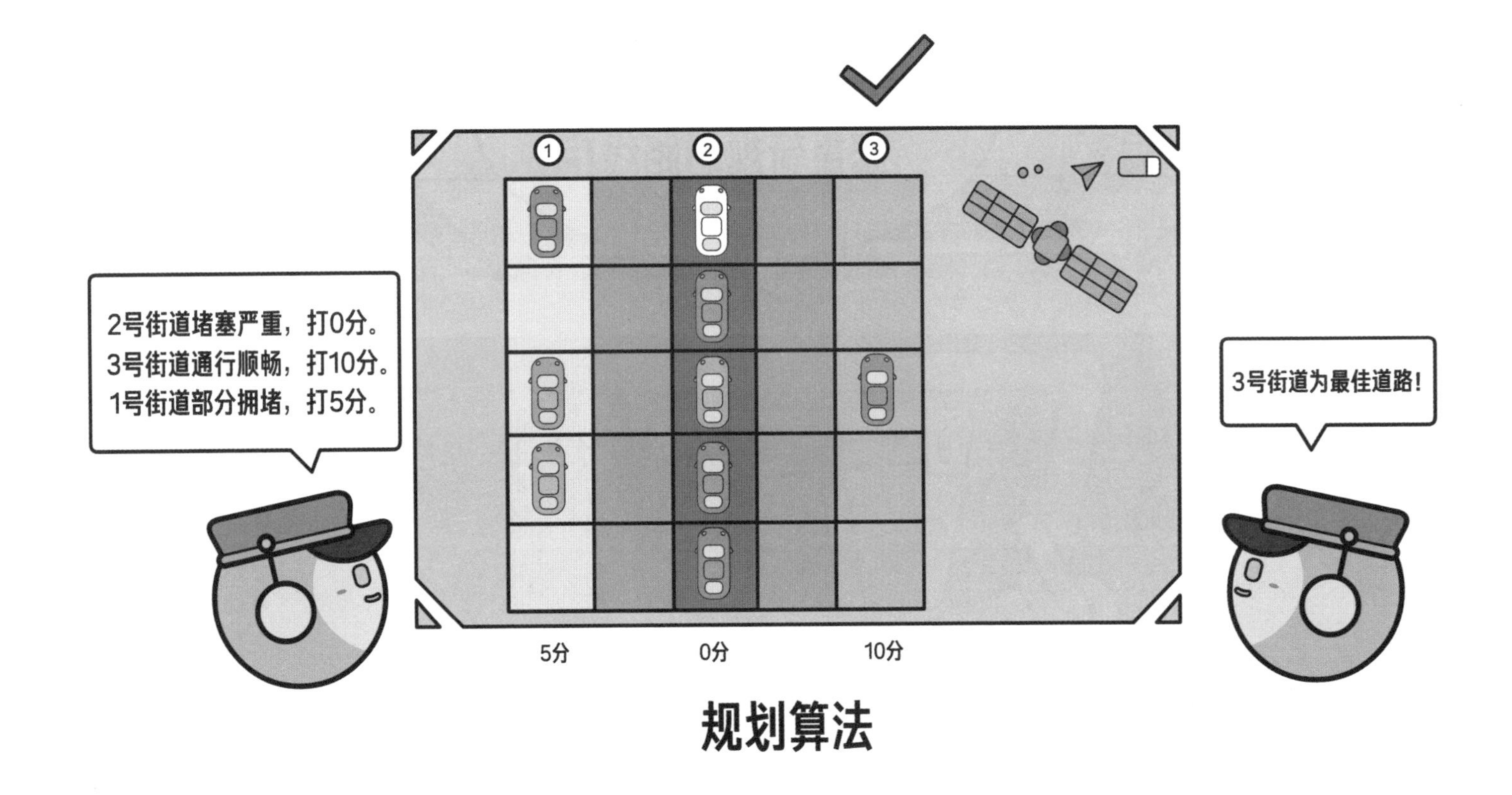

规划算法

事实上，除了导航系统外，我们在生活中的很多问题都可以用到规划算法，比如爸爸妈妈给了零钱后，如何买到更多自己心仪的玩具；暑假期间，如何安排好我们的时间，让自己既能把作业写完，又能玩得开心。可以说，合理规划能使我们的生活更加高效，可以为我们节约大量的时间和资源。

AI有生命周期吗?

我们知道，人是有生老病死的，这也被称为人的生命周期。那么，AI有自己的生命周期吗?

事实上，对于每一项技术而言，都有自己的生命周期，也存在着生老病死。但这些技术并不是真的“死”掉了，而是它们不再占据主流地位，逐渐地大家都不再用它。就像马上要到来的5G时代一样，难道2G、3G、4G技术就消失了吗? 并不是，这些技术仍然在一些重要领域发挥着自己的余热，例如在诸多类似于智能门锁、智能家电等设备中。

人的生命周期

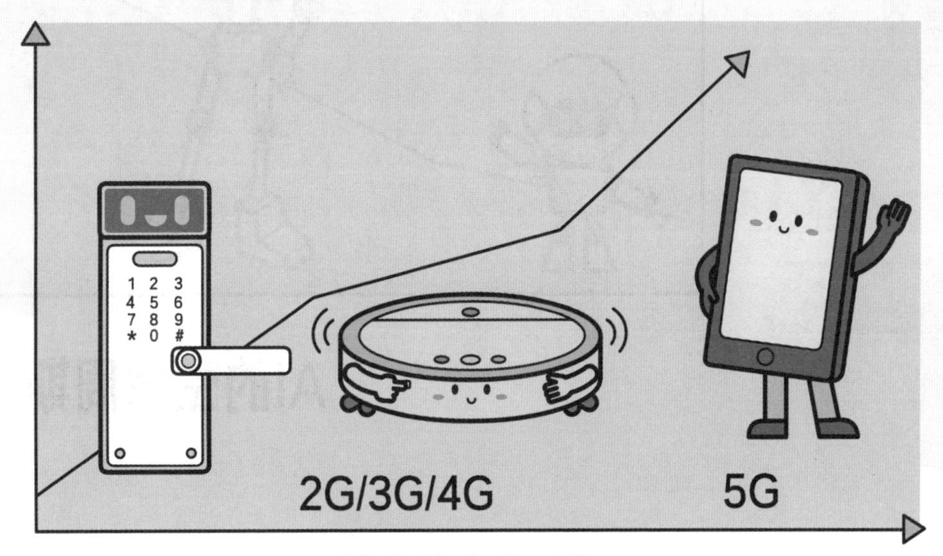

技术的生命周期

AI也是如此，在人类的发展史上，我们逐渐淘汰了一些非常笨拙的AI，从用穷举方法下象棋的AI——“深蓝”，到基于深度学习的围棋AI——AlphaGo，技术的不断革新为我们带来了更加聪明的AI。但我们要清醒地认识到，虽然当前基于深度学习技术的各类AI在很多领域都取得了巨大突破，但它们距离真正与人类智能相当的人工智能还非常遥远。现在的AI仍处于幼年期，它们现在只能说是大数据“喂”出来的产物，还不能像人一样具备自我意识，不能认知和探索这个世界。

制造一个与人类智能相当的AI是所有人工智能科学家的梦想。在很多科学家的预言中，当AI达到这一水平后，AI的智能将飞速提升，到时候就需要我们更好地处理与AI的关系，让AI与我们共同进步。这一天虽然很遥远，但终究会到来。

AI的生命周期

第四章

对未来人工智能的畅想

未来的城市交通会以无人驾驶为主吗？

无人驾驶一定会是汽车的未来。可是，为什么要大力发展无人驾驶呢?

无人驾驶的好处可实在太多了。其中一个重要的优势就是它能使我们的城市变得更清洁和高效。无人驾驶汽车将会以电动车为主，它们不需要燃烧汽油、柴油，在行驶时，也就没有尾气排放，从而更好地保护环境。

交通系统也能够因无人驾驶的引入而更高效。无人驾驶系统会将驾驶情况、路面情况等数据上传到网络，通过汇总路面上所有汽车的驾驶情况，交通系统可以更智能地指挥调度，减少堵车的发生。

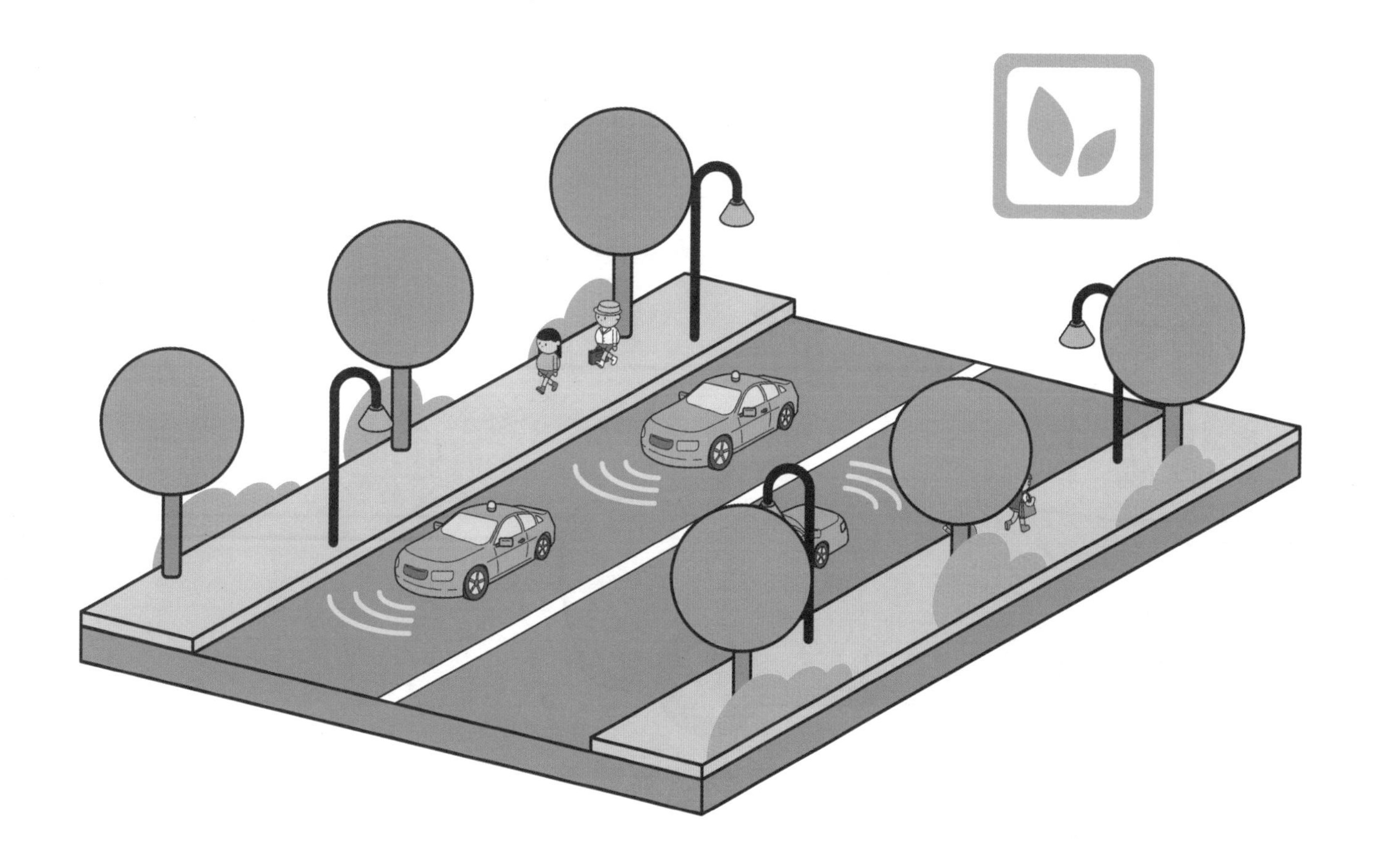

另外，无人驾驶也会改变消费者的习惯。到时，大家可能都不需要买私家车了，只要在出门前预约一下，共享无人驾驶汽车就会自己来到你的门前，并按照订单信息将你送到目的地。到达以后，也不用担心停车问题，它会自己找地方，或者去接下一位乘客。通过对无人驾驶汽车的共享，我们对社会资源的利用会更有效率。并且由于不需要驾车，我们也能用这部分节省出来的时间去做其他事情。无人驾驶汽车的内部被设计成了一个舒适的多功能空间，我们可以在去往目的地的路上躺在车内的沙发上消遣、学习、办公等。

更重要的是，由于无人驾驶的实现，老人、残疾人、不会驾车的人也可以更自由地享受汽车带来的便利，不需要再为找不到司机发愁了。

有这么多的好处，未来的城市交通一定会是以无人驾驶为主的，整个社会也在朝着那个方向努力。

未来无人驾驶汽车的主要功能还是交通工具吗？

前面我们提到了无人驾驶的诸多好处，最重要的是，我们人类算是从驾驶这件事中彻底解放出来了！原先花在驾驶上的时间现在就可以用来做别的了。现在，请你想一下，假如爸爸妈妈要为家里添置一辆无人驾驶汽车，你想在车里做什么呢？

我猜，你一定希望无人驾驶汽车可以像一个多功能休息室一样，方便你在乘车时打游戏、看电影……因此，方向盘、后视镜、刹车、油门等部件不再是必备的了，汽车内部的设计将会以舒适为主。打开车门，映入眼帘的可能首先是一张超大沙发，甚至是床，让乘客在疲惫时可以小憩一下。车上还配备有液晶显示屏以及配套的智能系统，当然了，语音识别系统是必备的，你只需要坐在沙发上对着车载系统讲出自己想玩的游戏名字，如星际大战，显示屏上会自动加载游戏，带上 VR 眼镜，你就可以在到达目的地之前先展开一场星际旅行啦。

此外，无人驾驶汽车还是人们学习、工作的“好帮手”，有它处理交通方面的事情，你在车内就可以学习在线课程，完成一些作业和讨论。如果你需要和同学为下午课上要做的展示做准备，只需要启动虚拟会议室，全息屏幕会将同学的形象全部投影到你面前。讨论中需要记下来的信息可以随手写在投影中的黑板上，会议系统会将内容实时同步到所有人的设备上。这样的讨论和在教室里面对面进行的讨论几乎没有任何区别。

还有一些无人驾驶汽车，根本就“不需要”乘客，因为它们只承担运输物品的功能，如快递、快餐。当你学习累了，想要来一杯咖啡提神，就可以在手机上下单，这类无人驾驶汽车很快便会追上来向你“投递”订单。

送货的无人车

除了作为交通工具，无人驾驶汽车还提供了一个高度私密、舒适的空间，当爸爸、妈妈和你都需要乘坐无人驾驶汽车时，就可以根据自己的需要自由地选择并满足不同的需求，比如妈妈有一个早会需要在车上进行，而爸爸需要在液晶显示屏上选购自己心仪的剃须刀，你则需要在到达学校之前抓紧吃完刚刚送达的早餐。在一些特别的日子，如妈妈的生日，晚上无人驾驶汽车来接你放学回家时，就可以在车上的购物系统中购买一束花。用于快递的无人驾驶汽车会很快将花送达，你只需拿着花回家，就可以给妈妈一个惊喜了。

商品一览
妈妈的生日
送什么花?

20分钟后

未来的AI在线教育，能实现个性化、趣味化、因材施教吗？

我们常说，没有学不会的学生，只有不会教的老师。因为每个学生都有自己的特点和兴趣，一味地按照“套路”教学肯定会让一部分学生感觉学习困难，甚至失去兴趣。但人类老师的精力又是有限的，为每一位学生量身定做学习计划实在是不现实。好在有了“精力无限”的AI老师，借助AI技术，现在教育可以完全实现因材施教了。

上课时，AI老师可以随时观察学生的表情和动作，通过人脸识别和行为识别察觉学生目前的情绪。比如当AI老师讲到某一个比较抽象的定义时学生皱起了眉头，就说明这里可能比较难以理解，AI老师会自动放慢讲课速度，或者多讲几遍，确保学生理解；如果学生开始东张西望了，AI老师可能会敲敲学生的小脑袋，告诉他/她走神的话可是逃不过老师的眼睛的；也可能会暂停课程，让学生稍事休息一下。

当学生记笔记、做题时，AI 老师还可以同步识别学生写下来的内容，假如学生在一个问题上反复写了又改，AI 老师就会意识到这些知识点学生还掌握得不够牢固，需要再加强这部分的辅导。如果学生在某一类问题上答得又快又好，那么 AI 老师就能够确认学生已经可以进入下一阶段的学习了。

AI 老师教学时，学生学习的最终目的是个人能力的提升——学生可以自由选择自己感兴趣的知识，完全按照自己的速度和喜欢的方式学习。AI 老师会全程陪伴学生，让学习给学生带来新的知识、更多的自信心和充实感，让学习真正变成一件尊重每一个个体、发掘个体潜力的事情。

有了机器翻译，未来人们还需要学习外语吗？

随着机器翻译的飞速发展，AI 已经可以达到同声传译的水平了。如果只是为了掌握语言的表达的话，学习外语似乎没什么必要了。不过，学习外语还可以带来什么呢？

现实一点讲，学习外语是开发大脑的良好方式。根据相关研究表明，双语者大脑的一些区域能够被更强地激活，从而拥有更高的集中力。此外，大脑的神经元数量也会因学习外语而增加。可以说，学习外语可以让大脑更灵活、人更聪明。其他研究还表明双语人士得老年痴呆症的时间更晚，可能也是因为学习外语让大脑的开发程度更高的缘故。

更重要的是，在未来，我们与不同国家之间的交流会越来越多。学习一门外语所投入的精力体现了我们对一个国家、一种文化的尊重，这样积极的态度可以带来更加开放的交流。同时，学习外语的过程就像一面镜子，映照着我们对自己的母语的思考。我们的语言背后实际上隐含着我们的文化。此前有一个著名的关于翻译的故事——日本的文学名家夏目漱石曾经对他的学生说过，将英文“I love you”直接翻译成“我爱你”是不妥的，对于表达感情很含蓄的日本人来说，翻译成“今晚月色真美”就足够了。简单的翻译是难以表达一门语言中隐含的感情和文化的。学习外语的过程，也是对我们自己的民族身份的思考、表达自我的过程。

可以说，学习外语是通往一个更大世界的入场券。想象一下自己可能会去探索那个多彩而未知的世界，你难道不为这种可能性而激动吗?

未来人机协作很重要，所以要学习人机沟通？

在很多新闻报道中，都提到了未来人类的某些工作会被AI机器人取代。单调、重复性、标准化的机械工作，当然是机器人做得更好。像汽车驾驶员、收银员这样的工作，在未来就不需要人类来做了。不过还有一些工作始终需要人类参与，那么随着AI的发展，就需要更高水平的人机协作，才能提高工作效率。比如，研究人员需要及时录入、管理最新数据——这时的数据管理系统也已经完全智能化了，并在此基础上更新AI模型、开发切入AI系统的行业应用。

研究员与AI一起处理数据

可以说，在这些工作中，由于人类需要和 AI 共事，人机沟通就成为了一项不可忽视的技能。要充分将 AI 技术应用到工作中，我们就需要理解 AI 系统是如何运作的，掌握基本的操作要点。比如，当消防员收集到了最近的灾情数据，负责 AI 系统的研究员就需要将实际收集到的灾情录入系统，和AI系统的预测进行比对——一方面检验 AI 系统的准确度如何，另一方面可以将预测错误的案例返回给 AI 系统，向它释放“这方面还做得不够好，赶快看看怎么才能提高一下”的信息；当 AI 模型更新后，研究员会将最新模型更新到消防员使用的系统中。为了能够及时对灾情做出回应，消防员必须掌握如何使用 AI 模型进行预测、理解 AI 系统给出的结果并在必要时引导 AI 决策。这些基本的人机交互内容，决定了在未来工作时人机沟通将是极其重要的一项技能。甚至在日常生活中，随着智能产品的普及，作为使用者的我们也需要学习一些人机交互的知识。

消防员收到灾情数据

AI研究员试调AI

更新中……
看来这个地方
还需要再调整一下。
灾情录入
预测对比
消防
灾情数

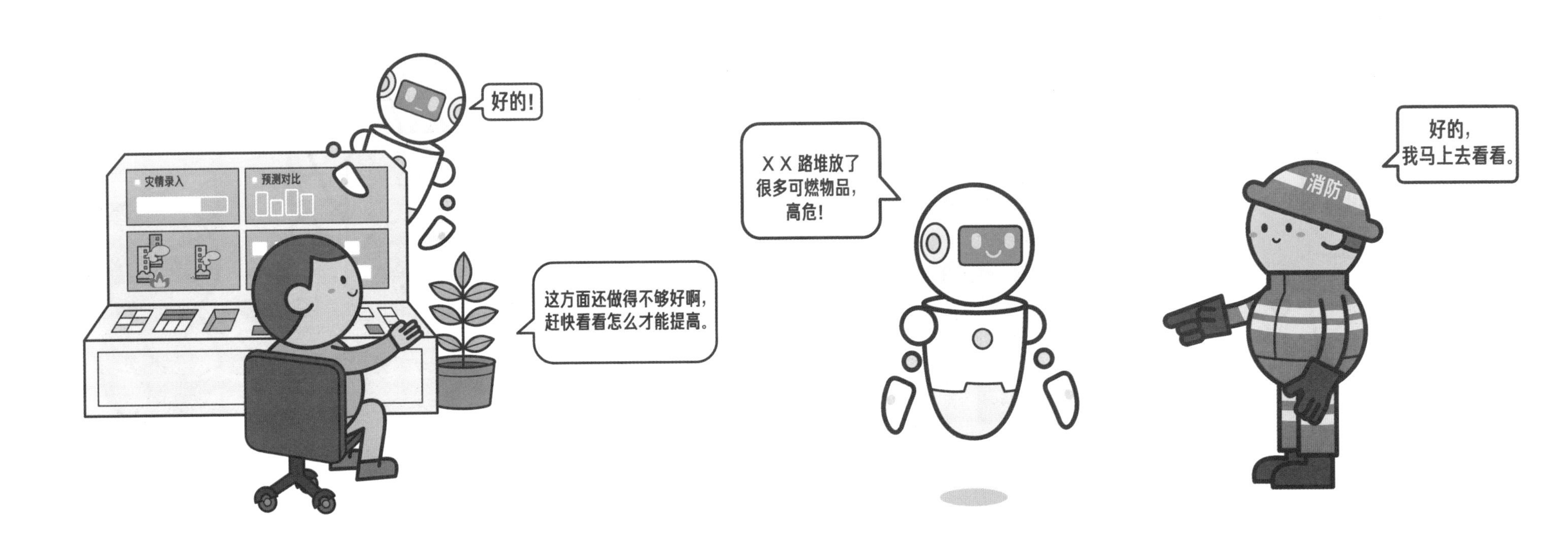
灾情录入
预测对比
好的！
这方面还做得不够好啊，赶快看看怎么才能提高。
XX路堆放了很多可燃物品，高危！
消防
好的，我马上去看看。

但人机沟通到底应该如何实现？人机之间的沟通应该由人类工作人员来承担吗？我们能不能推动技术进步来实现人类和AI机器人之间的交流呢？

最直接的，也是现在已经在使用的，我们可以通过语音交互的方式和智能系统沟通，比如微软的产品已经配备了智能语音助手小娜；比如现在不需要键盘而仅通过语音就可以完成一些操作。在无人驾驶汽车中，除了语音交互外，Bixby还设计了基于情景的手势识别功能。未来当你乘坐无人驾驶汽车时，你可能只需要向控制系统说出“播放音乐”的指令，系统就会自动播放音乐。如果播放的音乐不合“胃口”，便可以抬起手轻轻一挥，切换到下一首。这样多通道交互的融合，不仅可以覆盖更广的应用场景，还可以提高沟通的准确度。

另外，加上虚拟现实的应用，我们可以为用户创造出更真实、流畅的交互场景。比如通过全息投影，让用户直接“触摸”到虚拟场景中的物体。同时，无人驾驶汽车的座椅上可以嵌入利用脑机接口等最新技术的设备，当你坐下时，它可以直接检测你身上的生理信号，如心跳、脑电波。只需在脑中幻想一下“如果有一杯咖啡提提神就好了”，系统便会自动查找附近可以外送的咖啡店，并询问你的喜好。

未来终极算法能解决类脑学习吗？

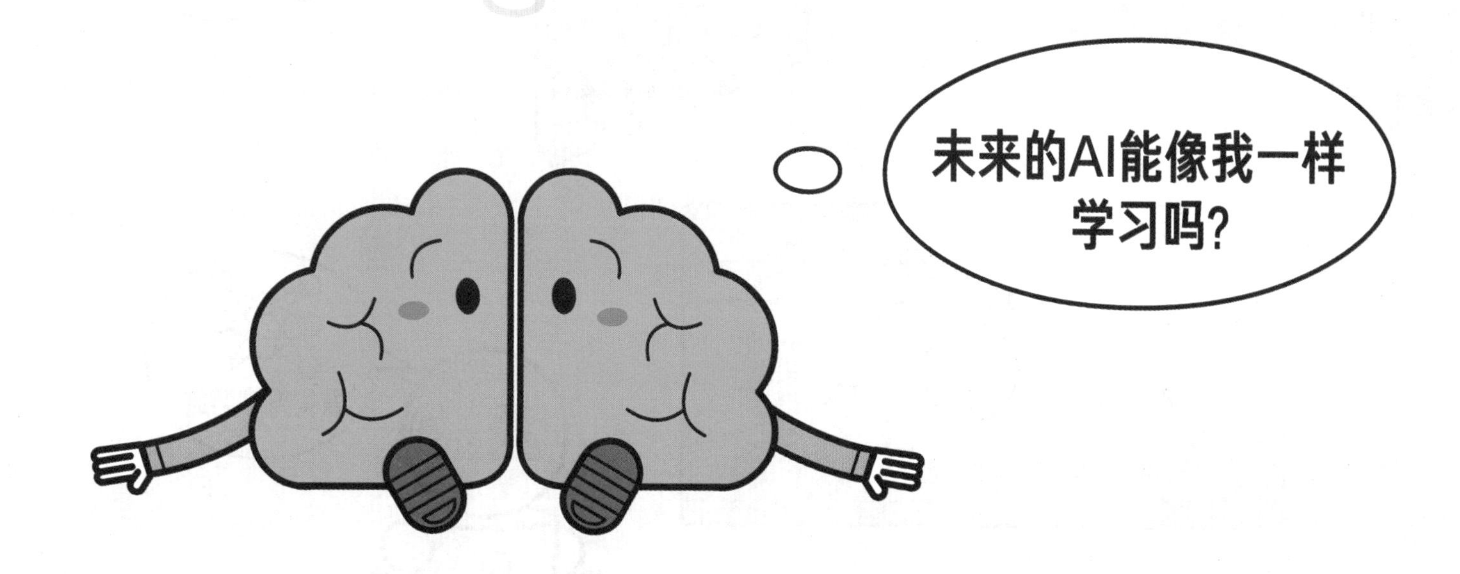

已经学习了神经网络的你，一定知道它借鉴了生物神经网络的特性。目前神经网络已经在许多任务上取得了超越人类的成就，但它也在一些任务上表现得还不尽如人意，处理动态视觉信息就是其中之一。比如，目前视频中两帧画面之间的间隔往往小于50毫秒，我们人类只需要对视频中的每一帧扫上一眼，就能够掌握它所传达的信息。但要让神经网络“看”视频，它像得了老花眼似的，需要每一帧都“暂停”，仔仔细细“扫视”一遍，比人类差远了。

于是，科学家便试图理解大脑的工作原理，并开发和大脑具有一样的结构、一样功能的人造大脑。

不过，事情往往是说起来简单做起来难，我们现在还处在如何理解大脑的工作原理并定义类脑学习的机理的阶段。至少在一个世纪以前，科学家就开始了对大脑工作机理的研究。目前，在大脑研究计划上的投入还在不断增加。然而，大脑何其精密，它至少包括上百亿个神经元，每个神经元又有许多分支。目前还没有任何研究能够描述完整的大脑的神经网络。

另外，研究大脑创造和使用的数据和我们训练神经网络的数据（比如典型的神经网络使用图片来学习算法）也不同。比如，如果让你向好朋友描述你最喜欢的味道，你会怎么描述呢？如果是描述你喜欢的衣服的质感呢？为了深入研究大脑，我们需要设计各类传感器，重新定义如何收集数据、收集什么样的数据，来向人造大脑传输人的“五感”。

酥肉
炸豆腐
酸辣粉
视觉: 3种美食
听觉: 吆喝声
嗅觉: 3种香味
味觉: 香甜
触觉: 软糯
传感器
传感器
感器
传感器

最后，大概也是最难的一点，在于如何用硬件来模拟大脑。计算机像是一个分工明确的系统，有的部件负责存储数据，有的部件负责运算，平时各不相干，只有在“业务内容”有交叉时才会沟通。运行神经网络时，负责计算的 CPU 就需要先联系负责存储的内存：“把存在 01010001101 的数据发给我一下吧。”等到内存按照 CPU 的要求把数据发来了，CPU 才能将它输入神经网络得到预测结果。时间都浪费在了 CPU 和内存的沟通上了，就算 CPU 算得再快也不行。而大脑中神经元之间的交流则像一颗大树一样，信息和数据随着神经元之间的连接自然地流动，不同的神经元之间分工合作，运算快耗能低。要实现类脑学习，开发新的硬件势在必行。

这是一个刚刚起步的研究领域，如何定义并解决类脑学习问题，实际上还得看你们。

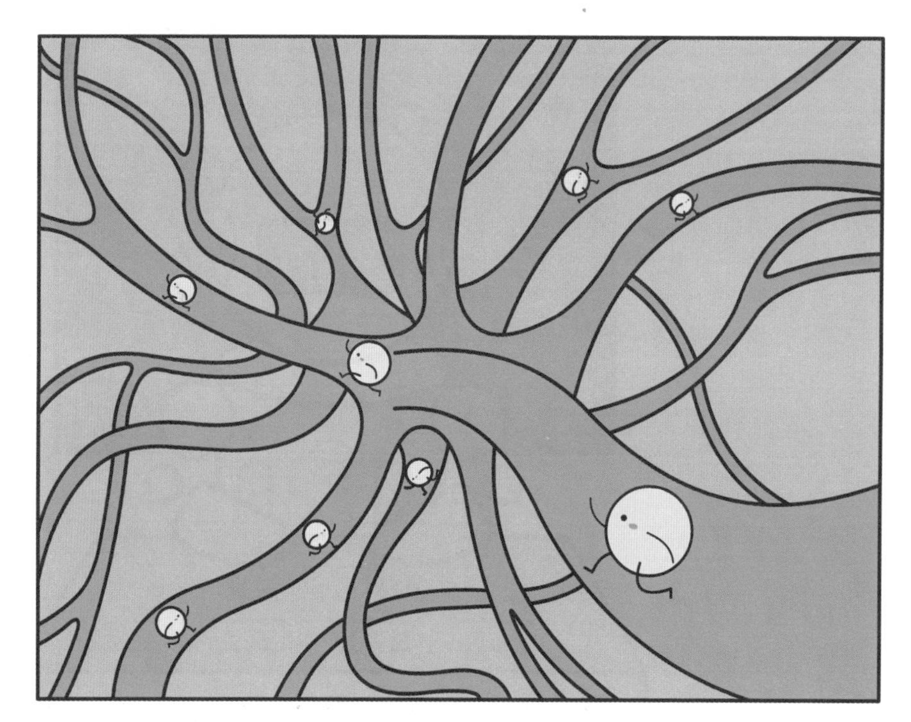

未来AI能代替人类做星际科考吗？

你能想象吗？在浩瀚无垠的宇宙中，在数不清的行星之间，有一个星际飞行器正在独立自主地执行任务——它会自行决定接下来的飞行方向，自行检测行星上的空气成分和矿藏等数据，并且自行对采集到的数据进行分析。这听起来是只有在电影里才会出现的场景，随着AI技术的发展，将会变成现实。AI使得星际科考变得更加独立，可以脱离人的决策，从而变得更有效率。

为什么一定要AI自己进行星际科考呢？

我们知道，在地球上观测到的行星往往距离我们有几千光年远。即使光传播的速度非常快，也要花很长时间才能抵达地球。事实上，有一些行星发出的光到现在都还没有被我们接收到。星际科考中飞行器与地球之间的交流也是同样的，如果被派出去寻找适合人类居住的星球的飞行器利用自己的视觉识别系统发现某个行星——让我们叫它行星A吧，表面存在合适的大气，并希望着陆行星A以完成进一步探索。假如此时飞行器要首先向人类科学家汇报当前情况并得到指示，那么在这漫长的等待时间里，飞行器可能会遇到一些突发的危险，可能会错过最佳着陆地点，甚至被其他行星的引力捕获，被迫着陆甚至坠毁。要是飞行器是在探索太阳系甚至银河系之外的星球，那这个通信时间就更久了。

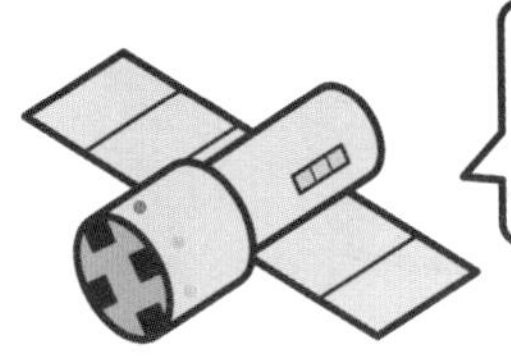
这里看起来不错，
我先着陆吧！

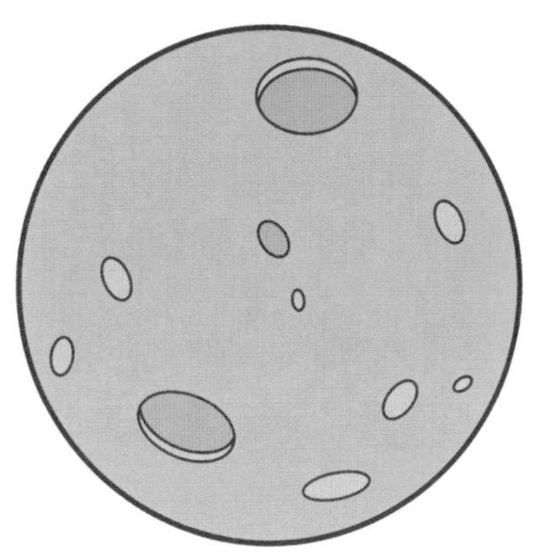
行星A

银河之外的信号传输回
地球需要很久吧！
地球

如果飞行器能够自行判断情况然后决定着陆，那么飞行器降落到行星A后，就要开始执行探测任务了。要判断一个行星是否适合人类居住，首先必须检查行星上是否有水，因为水是生命体存活的前提条件之一。因此，飞行器会在几个它判断可能有水的地方分别采集样本，然后交由配备的AI检测系统对样本进行分析，并根据检测结果决定下一步行动。如果样本中没有检测到水，AI可能会选择采集更多样本来确认这个情况；如果检测到样本中有水，那么AI就可以开始探测行星A上有没有生命所需的其他元素了。

采集样本

5 6 %
样本分析中……
Z H 8
Q 5
分析样本

检测到了水，我们还
得探测下其他的元素！
好的！

没有检测到水，我们
需要采集更多的样本！
好的！

如果飞行器成功确认了行星 A 是适合人类居住的，飞行器还可以派遣 AI 作为先行军，对星球进行开发，建设起各类基础设施，修建好基地，然后通知地球上的人类。人类只需等 AI 建设完成后搭乘太空航母移民就可以了。

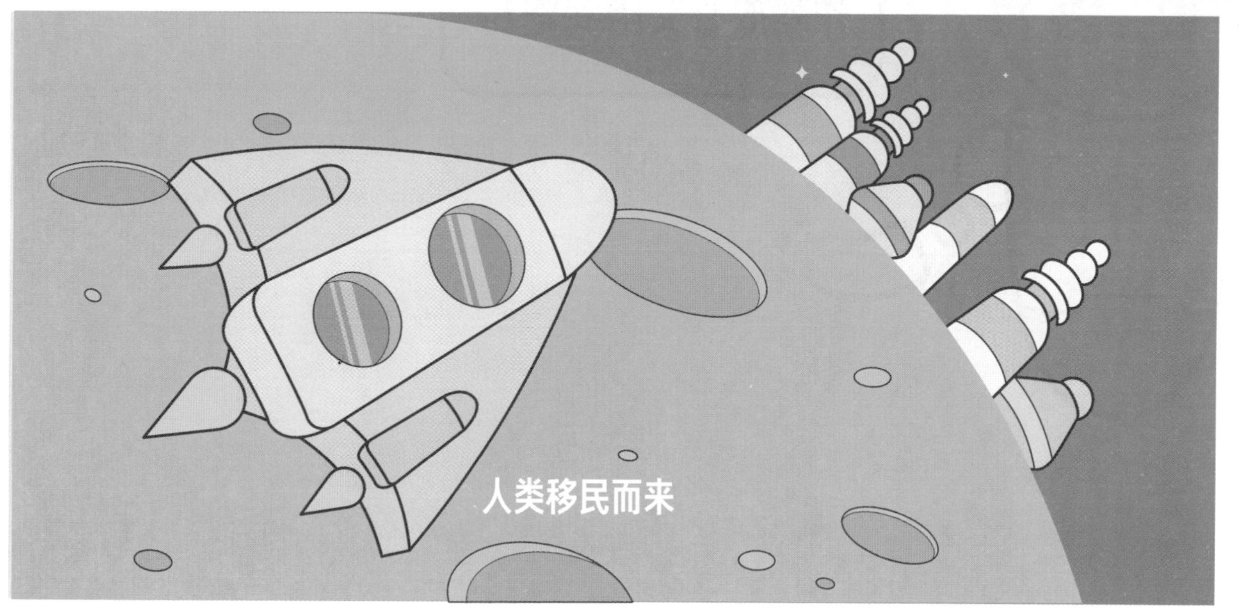

去探索宇宙的奥秘，AI将是人类最好的帮手。

AI会导致很多人失业吗?

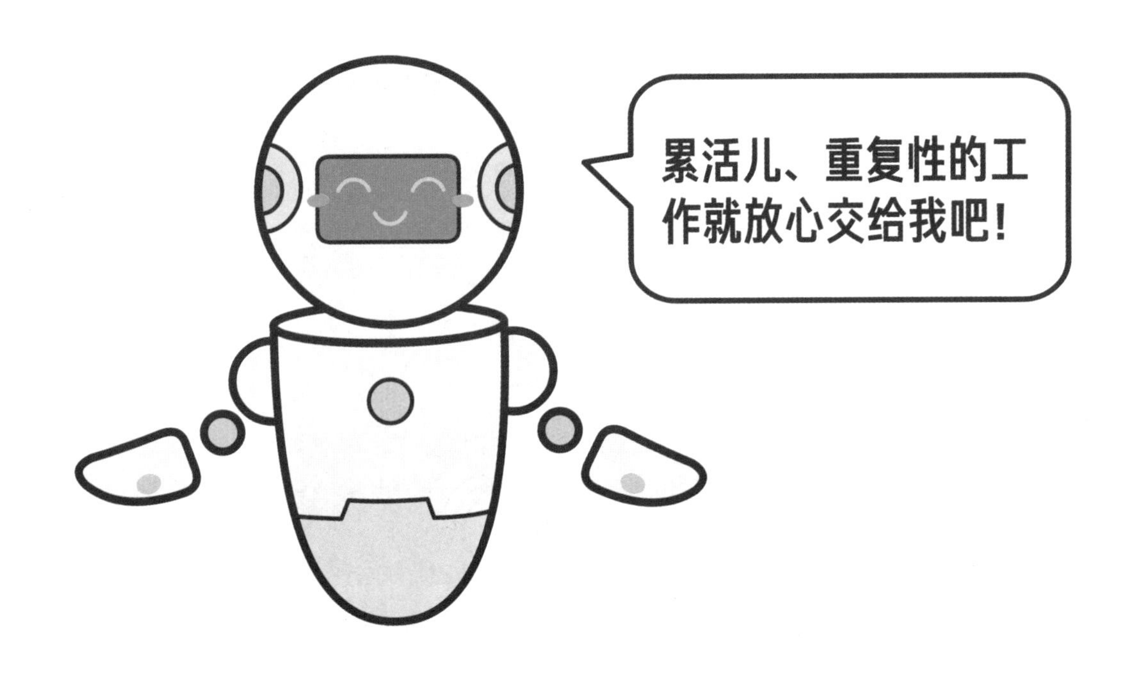

在前面的内容中我们也讨论过，那些单调、重复性、标准化的机械工作，完全可以由AI来完成。因此可以说，AI的确会取代一部分人类。不过，就算没有AI取代人类，人类工作者就真的享受这些工作吗？想象一下在嘈杂的车间工作，耳边充斥着不间断的机器的噪声，手上则不停歇地重复着一样的动作，夏天时，车间内可能还很闷热，这可不是什么美差。

所以科学家开发了AI，用机器人把人类从枯燥的劳动中解放出来。

以前公司总需要雇用大量的文职人员来将公司的销售数据、客户关系数据等录入系统中以方便管理和跟踪，然而，这些工作不仅费时费力，一个不小心，文职人员还可能会在系统中录入错误的信息。比如本来本月达成了 80 万元的销售额，会计却不小心少打了一个零。这些错误只有在核对账单时才会被发现，而且查找起来也很困难。现在使用 AI 技术，这些数据都可以被自动填充到系统中，错误率大大降低。到了周末和月底，AI 系统还会自动生成报表供管理人员了解公司运行情况。

由于 AI 可以将这类工作完成得更高效、更准确，你可以理解为 AI 导致了这部分人失业了，因为本来需要他们完成的工作现在不需要了。但是，从积极的方面讲，由 AI 代替人类工作，给了人类更大的自由——人类总是在探索来处、去处，想搞明白存在的意义，想突破物理世界的限制……人类总是有无穷的愿望。而人类创造出的弱人工智能 AI 系统，主要是为了服务人类，它们拥有部分人类的能力，却没有这些渴望。AI 是人类最好的助手，总是勤勤恳恳、保质保量地完成人类交给它的任务，把时间留给人类去实现前面提到的那些愿望。

有了 AI，哲学家可以尽情思辨，艺术家可以全情投入创作，学者可以两耳不闻窗外事……每个人都可以更不受限制地选择自己想做的工作，发挥自己的创造力，工作环境也更好更安全，这将是最好的时代。

AI能够帮助化学家创造出大量的新物质吗？

其实，创造化合物的过程有点像做饭——假如今天你想吃带点甜味的油炸食物，如锅包肉，那么你就要去超市购买对应的材料。做锅包肉首先需要猪肉、蔬菜和酱料。猪肉和蔬菜已经是基础原料了，而酱料还可以分解成水、白醋、糖、生抽、盐和淀粉。如果你做饭熟练，有了这些材料，就可以成功做出一道美味的锅包肉。如果你厨艺不精，比如醋放得过多，结果就很难说啦。

回到化学领域，我们可以把化合物看成我们最后做成的一道菜，糖、醋这些东西就像是基本元素，所以我们的化学合成也就是基本元素的结合。如果科学家需要创造某种新物质，并且该物质需要具有某种特性和具体的结构，他会以此为出发点进行化合物设计。这就像我们做锅包肉还需要酱料，你知道这个酱料会需要有点儿甜、有点儿酸、有点儿咸，所以你会分别找到能够产生这些味道的白糖、醋和盐，来尝试合成这种酱料。

从另一个角度来讲，如果两种元素 A 和 B 都能与某种元素 C 结合，是不是 A 和 B 就有一些相似的特性呢？就像糖既可以加入白醋中做成糖醋汁，也可以加入生抽中做成红烧汁，因为白醋和生抽中都含有水，可以溶解糖。

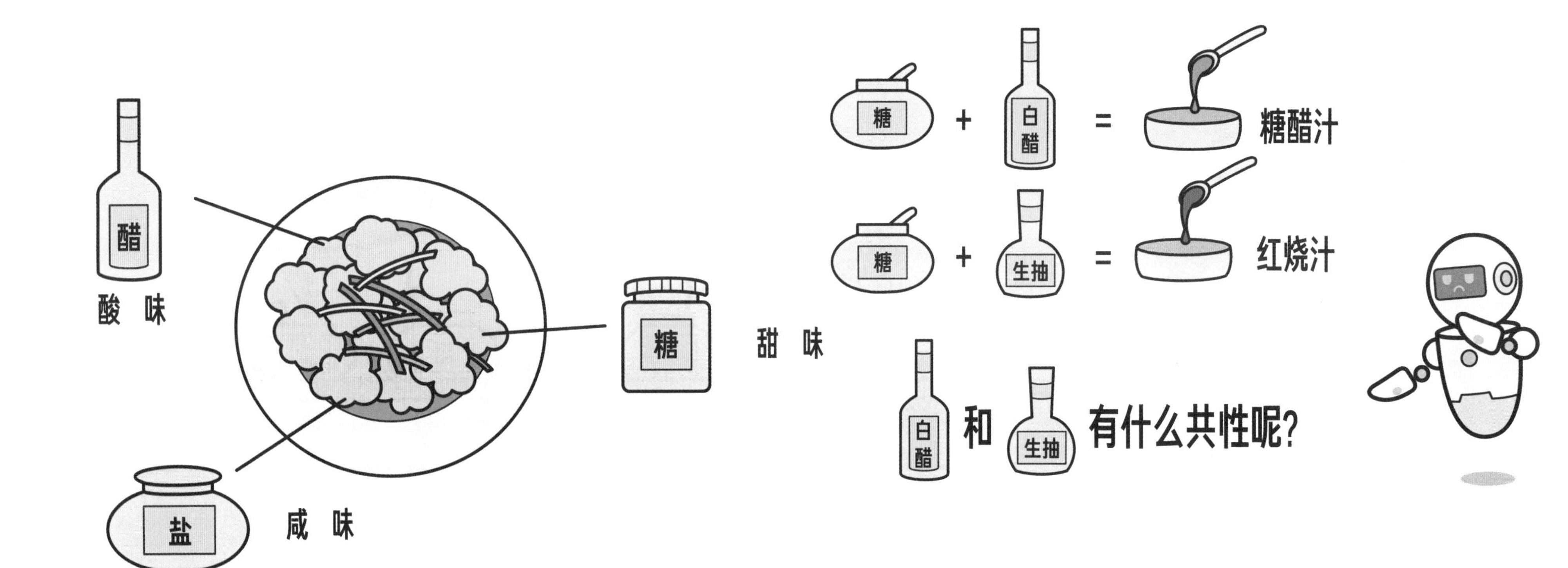

上面的两种方法，就是化学家进行化学合成的方法。基于这种方法，斯坦福大学的科学家用同样的方法训练了一个叫作 Atomi2Vec 的 AI 程序，他们将不同化合物的化学式输入给它，比如水的化学式是 H_2O，由氢元素（H）和氧（O）元素组成；二氧化碳的化学式则是 CO_2，由碳元素（C）和氧元素（O）组成。让它学习化合物的组成元素并试图发现元素之间的联系。比如我们提到的水和二氧化碳，它们中的氢元素和碳元素都能与氧元素结合，那么它们可能在某些方面有相似性。

Atomi2Vec

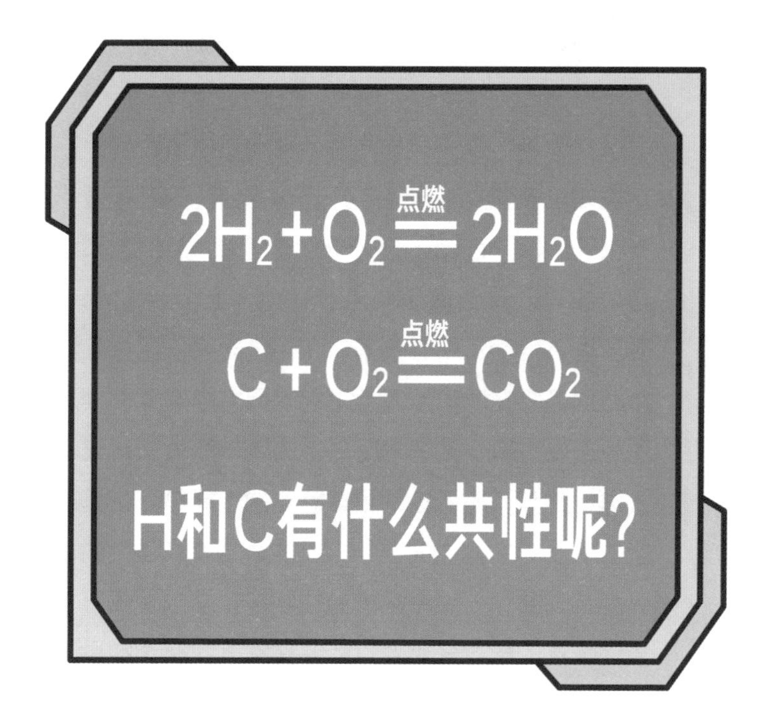

通过这个研究，科学家证明了AI绝对是可以像化学家研究科学规律一样工作的。接下来的任务就是让AI像人类科学家一样思考，进行新物质的创造。其实也很简单，AI会运用和人类科学家创造新物质一样的方法，也就是前面提到的从逻辑上倒推某种化合物可能的结构。在AI做出决策后，就可以进行实验合成样品，然后测试合成的物质是否满足要求。利用AI进行化学物研发也更科学、更有效率。人类化学家需要依赖自己的经验在成千上万个可能的配方中选择一个作为起始方案，并根据每一次的测试结果来对配方进行逐步调整，这种依靠感觉的选择总是带着些随机性。AI则会先利用自己的数据库和强大的算力首先估计出每个配方的成功率，从成功的可能性最高的配方开始测试，并在每一次测试结果出来后都对成功率进行重新估计，以保证整个研发流程的高效进行。

使用AI合成新物质，就可以将化学家从这件事上解放出来，化学家可以更高效地探寻更多物质合成的规律。

M
8
B
5
K
F
+
2
%
O
G
1 2 3
4 5 6
7 8 9
<数据库>
<计算力>
方案A
方案B
方案C
成功率95%
成功率70%
成功率55%
有了AI的帮助，
我继续来探索
物质合成的规律吧。

AI能帮助人类彻底攻克癌症吗？

对癌症的治疗涉及新药品的研发，在 87 问中我们谈到了 AI 是可以用来研发新物质的，那么 AI 当然也可以用来研发治疗癌症的药物。

实际上，87 问中提到的斯坦福大学的研究团队已经在试图用 Atomi2Vec 研发可以攻击癌细胞的抗体。在对抗癌症的战场上，抗体就像是作战部队的急先锋，它们会准确识别癌细胞，并将其拿下。不过抗体又没有眼睛，它是怎么做到识别癌细胞这一点的呢？实际上，抗体就像一把锁，一旦抗体和癌细胞结合，它就会紧紧“锁”住癌细胞，让对方失去攻击能力。

可惜的是，现在的抗体准头实际上还没有那么高，因此它们作战时更像是挥舞着自己的武器在人体内进行无差别攻击。也就是说，它们不仅会“锁”住癌细胞，也会“锁”住人体内的正常细胞，让它们失去活性。这也就是为什么我们看到很多癌症患者在治疗过程中会承受严重的药物副作用。因此，科学家希望能够像学习元素之间的关系一样，让 AI 学习抗体的基因组成，然后找到能够有效攻击癌细胞同时又对人体无害的抗体。

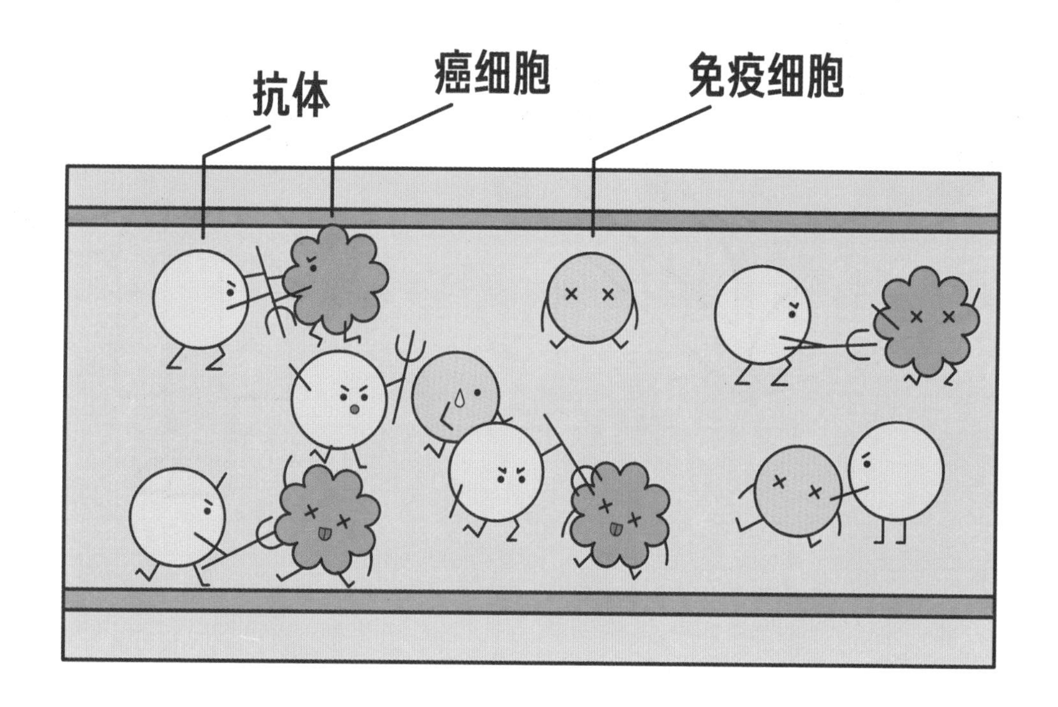

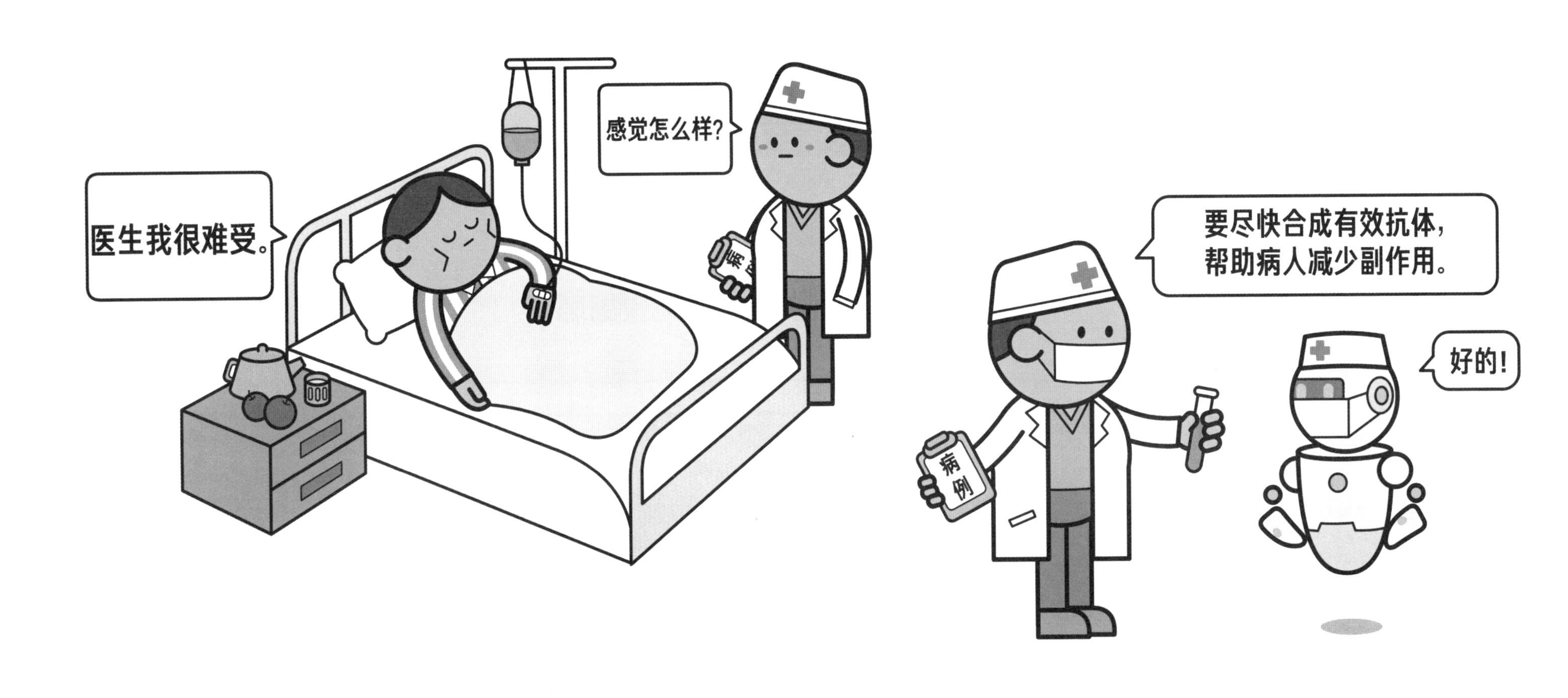
医生我很难受。
感觉怎么样?
病例
要尽快合成有效抗体，
帮助病人减少副作用。
好的!
病例

当然，AI 还可以被用于早期癌症的诊断——如果能够在癌症还是一颗小肿瘤时把它检测出来，治疗的难度要低得多。通过 AI 智能分析 CT 图像的医疗数据，AI 可以将癌症“扼杀在摇篮里”。我们之前提到的 IBM Watson 医疗系统就已经被应用于肿瘤的诊断中。

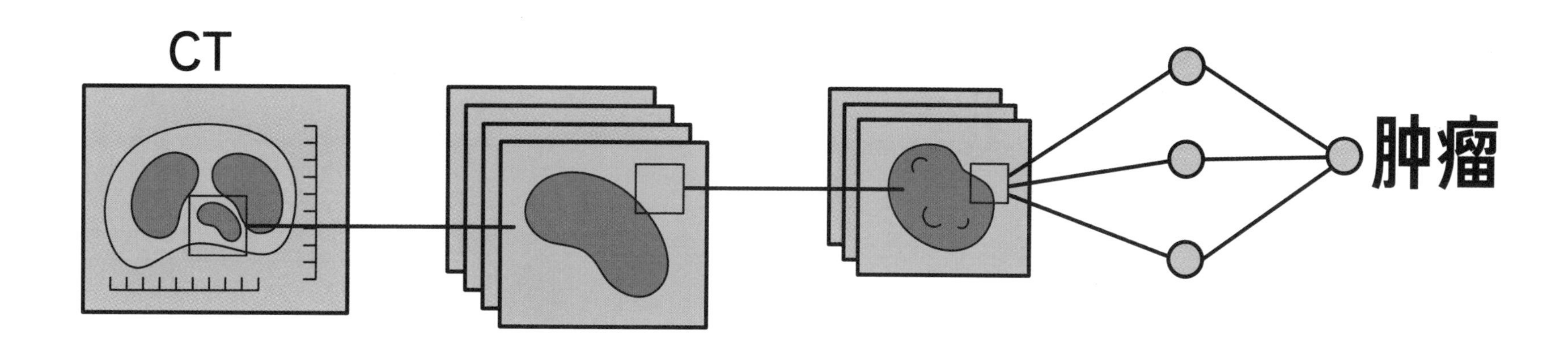

另外，对于已经确诊的癌症患者，即便还没有研发出理想的药物，AI 还可以根据患者的数据预测目前的治疗方法对患者的有效度，并且根据患者的需求和实际情况定制治疗方案。比如患者 A 对于放射性治疗的承受程度比较高，又希望尽快看到治疗效果，AI 会适当考虑提高治疗的频率。而患者 B 在接受放射性治疗后出现了严重的副作用，AI 就会考虑让患者 B 试试新研发出的特效药，以缓解患者的痛苦并且不增加治疗时间。

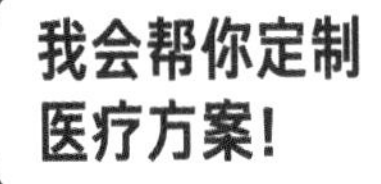

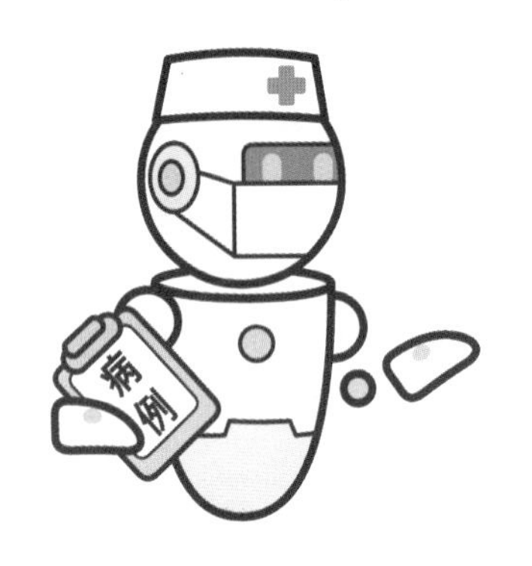

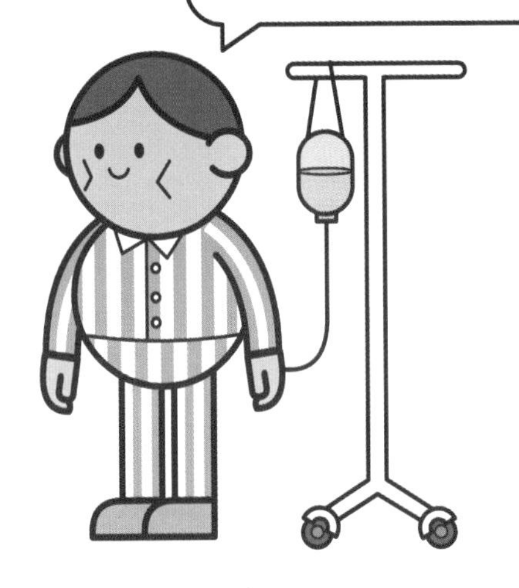

这是一个正在前进的领域，AI到底能不能彻底攻克癌症，我们虽然无法给出一个确定的答案，但是我们是很有信心的。

未来养老院里的机器人护工会是什么样子？

你有思考过，住在养老院的老人们都有哪些需求吗？我们不妨将它们分为健康方面的需求和情感方面的需求。

为了老人的身体健康，养老院需要一些生活保障机器人和医疗服务机器人。因为老人活动不方便，而生活保障机器人要为老人提供日常生活便利，所以设计出来的这类机器人必须具有活动能力，并且能够运载物品。比如，它们的身上可以装上轮子，并且有手臂或者托盘，方便它们往返厨房和老人身边，完成为老人送水、送食物等任务。设计医疗服务机器人时应该考虑到它们必须具有提供健康关怀的能力和了解老人的身体状况的能力。因此，这些机器人在服务老人的过程中会生成老人的健康档案，日常检测的数据都需要更新到档案中去，如果出现异常数据，机器人必须及时预警和干预。如果老人生病正在康复，机器人需要根据医嘱定时提醒他们吃药。那么该怎么实现这个功能呢？显然，医疗服务机器人还必须具有一定的语音生成功能。

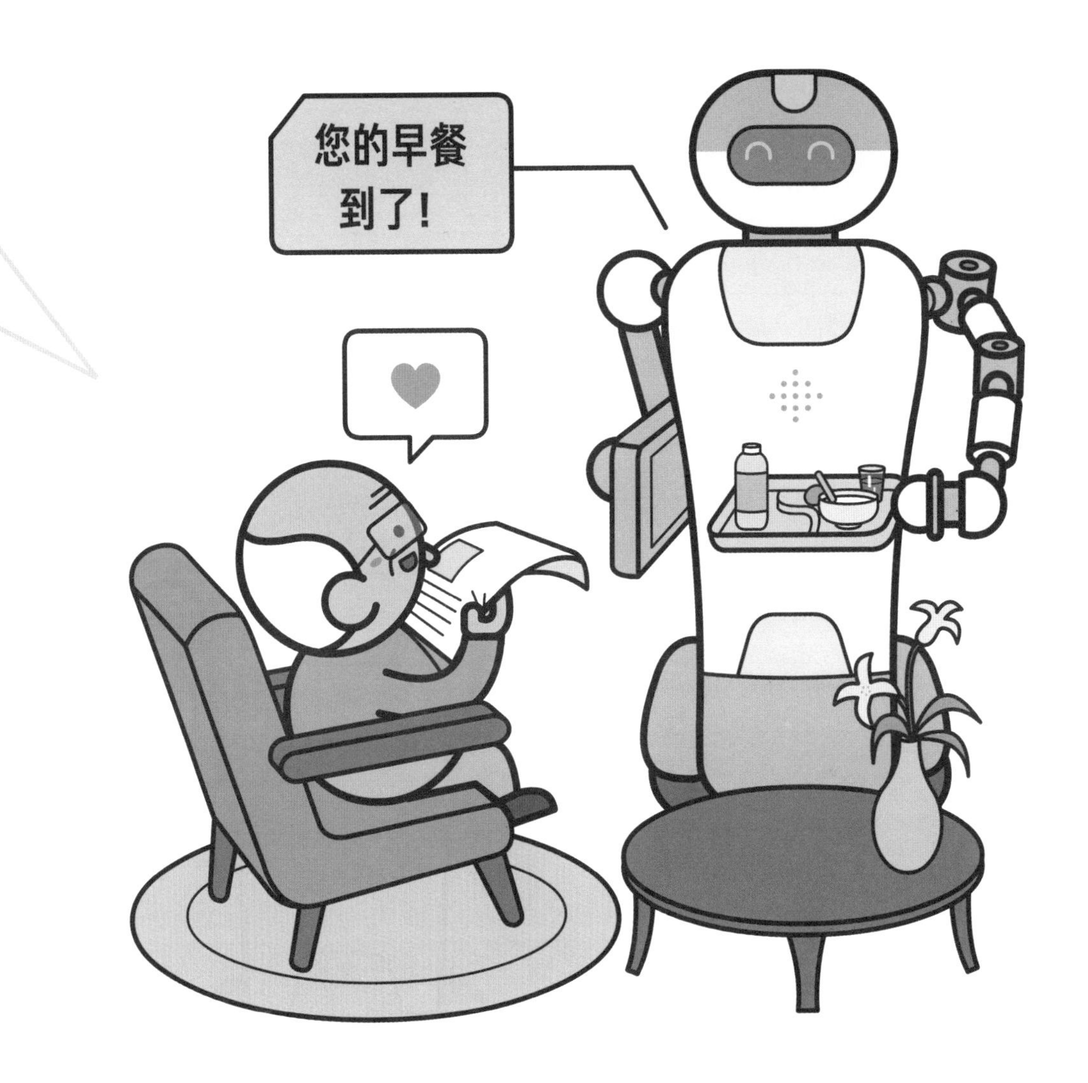

在情感陪伴方面，我们主要考虑如何能够让老人在情感方面有所寄托，高质量地度过晚年。如果想让机器人陪老人消遣一下，机器人需要根据老人喜欢的活动进行提前学习，比如提前学习如何下象棋，然后准备好象棋棋盘和棋子，就可以邀请老人一起来参与活动了。如果需要机器人陪老人聊天，那么语音识别技术、语音合成技术是必不可少的。

如果让你来设计满足老人情感需求的陪伴机器人，你会怎么设计呢？聪明的你也可以想想在前面的问题中我们了解到的技术，有哪些可以用来实现想要的功能。

病人愿意听AI冷冰冰的诊断结果吗？

大家好！我是AI医生！

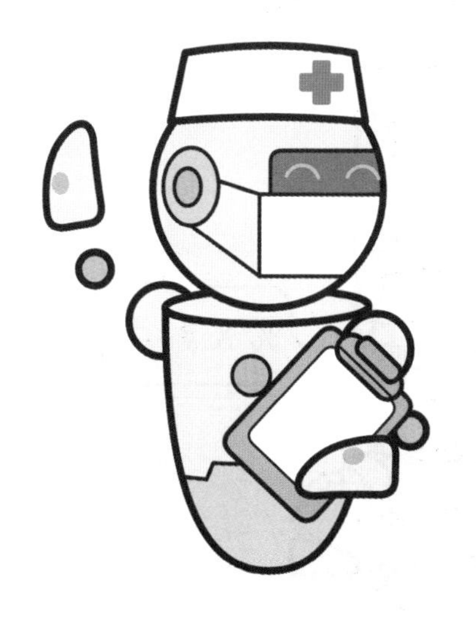

我们在之前提到过，机器人医生对肺癌组织切片的评估精确度已经可以达到至少和病理学家一样了，照这个速度发展下去，很快AI就可以给出比人类医生更准确的诊断，开始在医院"上班"了。不过，你可能会担心：虽然AI看病很厉害，可是它说话的"语气"怪怪的，和人类医生不一样，我听着不习惯怎么办呢？

这你就多虑了。我们的科学研究是具有人文关怀精神的，在提高AI的业务水平的同时，也有很多科学家在研究如何能够让AI像人类一样说话。

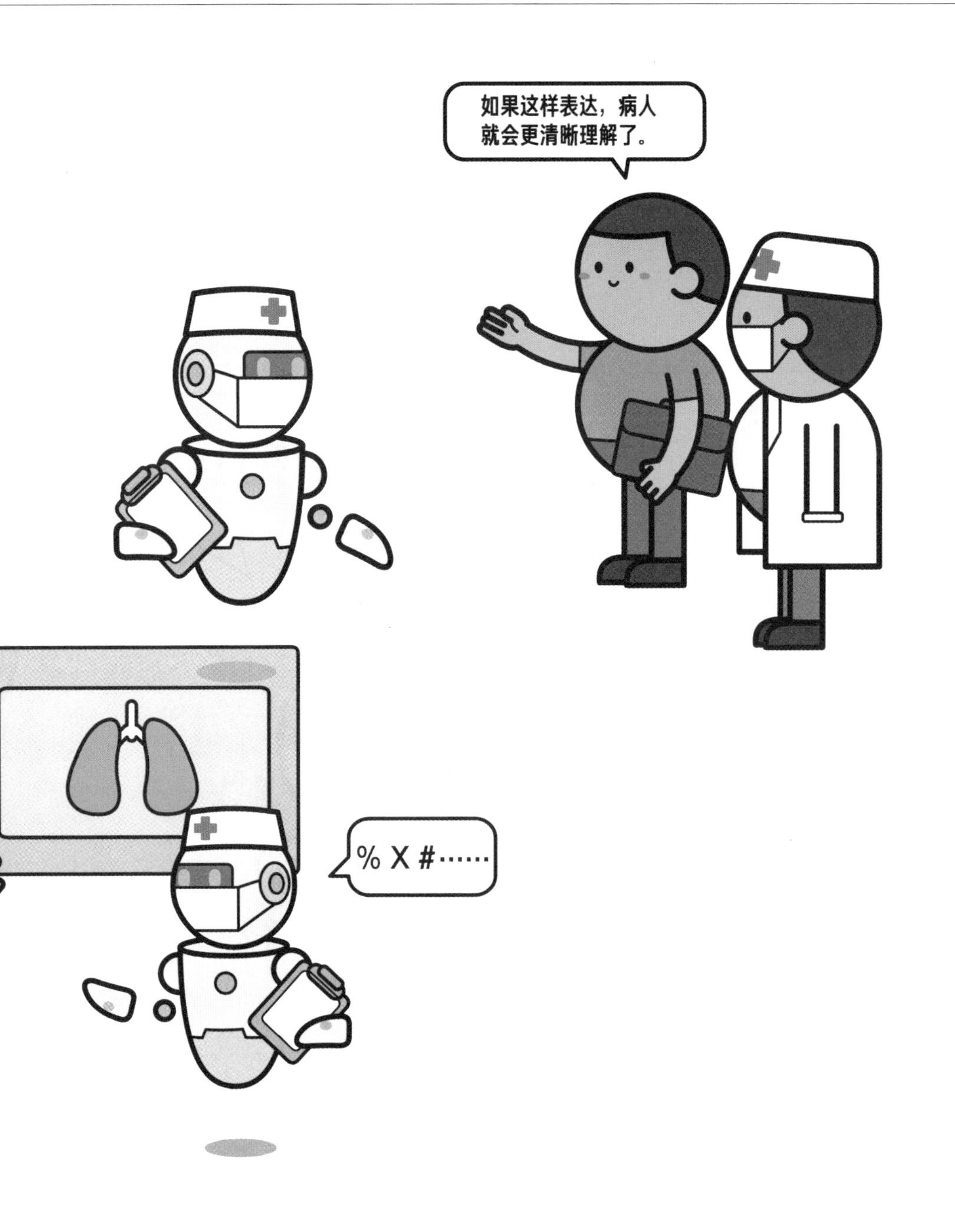

以前，虽然AI等智能系统已经能够进行语音合成了，但听起来总是“怪声怪气”的，不是语调奇怪，就是说话的节奏不对。2015年，谷歌的科学家们提出了一个叫WaveNet的语音生成网络，用来抓取语音中的不同特征。在训练结束后，科学家让一批测试者听WaveNet生成的语音和真实的语音片段，并猜测听到的声音是合成的还是真实的。结果显示测试者们很难分辨出是生成的语音还是真实的语音。这些科学家还开发出了一款新的智能助手——Duplex，和你熟悉的谷歌语音助手或者苹果的Siri不同，Duplex可以模仿人类说话的语音，甚至包括人类思考时无意识发出的“嗯”“啊”声。以前被我们诟病的合成生硬的语音片段，现在已经不再是问题了。

来自百度的Deep Voice也可以做到这样的事情，它甚至可以学习并模仿数百人的口音。也就是说，Deep Voice不仅会在“说话”时注意自己的语音语调，适当加入语气词，还会根据自己的判断调整口音。如果它觉得使用者来自山东，那么它就会自动加载山东方言。

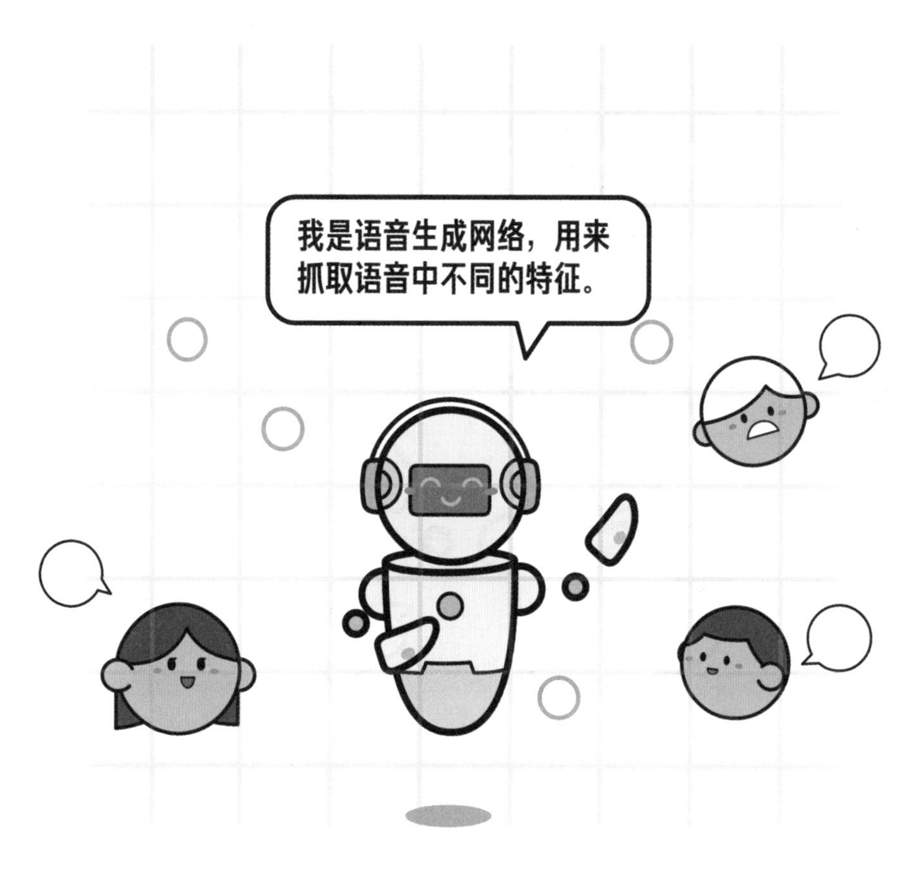

WaveNet

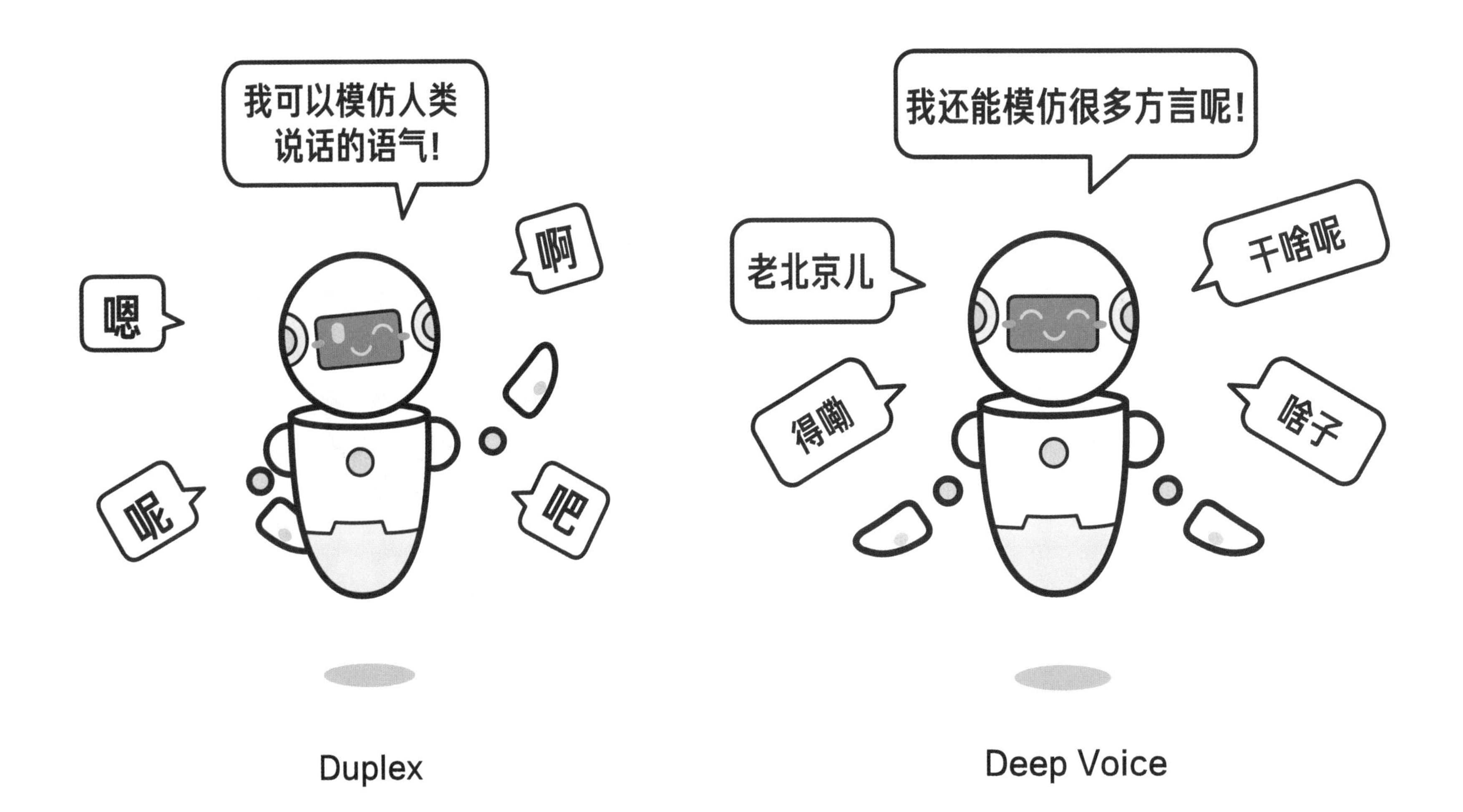
我可以模仿人类说话的语气！
嗯
啊
呢
吧
Duplex
我还能模仿很多方言呢！
老北京儿
干啥呢
得嘞
啥子
Deep Voice

有了这样个性化的 AI 语音生成系统，面对不同的患者，AI 医生就可以有针对性地使用不同的语气进行诊断。当小孩子来看病时，AI 医生会适当提升音调，使用更可爱的语气；面对老人时，则说得更慢、音量更高。以后，你在跟 AI 医生交谈时，说不定还可以根据你自己的喜好选择 AI 医生的声音特征呢！

未来我们使用的AI系统一定是安全可靠的吗？

随着AI系统越来越深入地参与人类生活，我们也开始看到越来越多关于AI的新闻报道。不过，不少媒体总是将人类和AI放在两个对立面上——BBC中文用“机器人要抢人类饭碗，你准备好了吗”为标题发表报道，类似“人工智能注定统治人类，在最后挣扎的人机对弈前你要读完这篇文章”“2140，AI将彻底取代人类”“斯坦福专家：20年内，中国77%的工作将被AI取代，美国为47%”这样的文章也层出不穷。看起来，很多人对AI的发展感到很焦虑，并且通过这些报道传播了这种焦虑感——他们不仅不相信AI系统的安全性，而且觉得AI系统会发展出自己的智能然后攻击并取代人类。

这种焦虑感在一定程度上来源于对AI技术的不了解，特别是像神经网络这样的黑箱系统，就算是AI科学家也说不清它是如何决策的。如果不知道自己日常乘坐的无人驾驶汽车在哪个时刻会突然失灵，谁不会害怕呢？为了提高AI系统的安全性和可靠性，工程师们首先需要建造更加透明的AI系统，让使用者理解AI系统到底是如何运作的。还是以无人驾驶汽车为例，在车内的液晶屏上可以实时可视化汽车上的摄像头、雷达等传感器收集到的数据，并标注出无人驾驶系统对它的理解。这样，当汽车在道路上减速行驶时，乘客就会明白“原来是因为车上的摄像头拍摄到前方快速飞过一只小鸟，为了不让小鸟撞到挡风玻璃上，汽车减速了”，而不是“无人汽车怎么突然开得那么慢，是不是出了什么故障”。另外，无人驾驶系统还要让渡一部分控制权给乘客。不论是乘客想要体验久违的驾驶的快感，还是觉得在当前复杂的道路环境下无人驾驶系统不是很可靠，都可以简单按下自动/手动切换按钮，收回对汽车的控制权，并自由选择无人驾驶系统是需要被完全关闭，还是开启辅助驾驶功能。

前方:
判断:
减速慢行
前方有飞鸟

前方路滑
请小心驾驶!
手动
自动

回头看看，计算机刚刚发明时，也有很多人对计算机以及网络信息安全抱着极大的怀疑，由此带来了瑞星杀毒软件等应用的盛行。但随着计算机的普及，大部分已经适应了它的存在，并学会了如何与可能的风险共存。要让现在的人们离开计算机生活，大部分人都受不了呢！从这个角度看，AI的发展代表着我们又迎来了新一轮的技术革命，而我们需要时间来找到适应并接受这份变化的方法。100%安全可靠的系统是不存在的，但好消息是我们一直在朝着这个方向努力。2018年，欧盟已经发布了《可信赖的人工智能道德准则草案》，来探索如何定义并保证AI系统在技术上的可靠性，相信我们一定会朝着这个方向走得更远。未来在大学里，除了网络信息安全这门课程，还会多一门人工智能安全课程。

以前……

现在……

现在……
未来……

未来AI犯罪了怎么办?

假如只需要上传照片就可以用自己的脸替换电影片段里的男主角/女主角，你能想象自己代替杰克在泰坦尼克号上和罗丝谈恋爱吗？ZAO APP就是这么做的，利用训练好的神经网络，任何人都可以轻易将视频中的人脸换成自己的脸或者明星的脸。“换脸”后的人物不仅保留了原来人物的特征，还融合了用户的形象，看起来自然又逼真，可以轻易过一把演电影大片的瘾。然而，未经允许使用他人照片实际上是侵犯了他人的肖像权的。更严重的是，如果有人利用这样的技术来犯罪呢？财经杂志曾报道过一起网络诈骗案，犯罪份子先是盗窃一些网站后台存储的用户数据，然后试图登录被盗取信息用户的其他账户，来盗取邮箱、微信账号等信息。过去登录个人账户时需要填写的验证码是保护个人信息不被窃取的最重要的防线之一，然而现在利用神经网络来智能识别验证码，犯罪份子可以轻易突破这道防线，然后记录下用户的大量个人信息。之后再贩卖给诈骗集团，从中获利。更可怕的是，神经网络破解验证码，不仅准确率极高，速度更是快得吓人——一秒可以识别2000个验证码。这种利用AI的新型犯罪对目前的网络安全造成了极大的威胁，看来立法惩罚AI犯罪是势在必行了。

然而，AI 犯罪和人类犯罪相比，有三个很重要的问题需要考虑。

第一个要考虑的问题就是，AI 可以像人一样被当作一个罪犯吗？如果有人抢劫了银行，那么这个人就成为了罪犯，并需要因他的行为受到法律制裁。当 AI 参与犯罪活动时，我们要像对待人类那样对待 AI 吗？2015 年，大众承包商的一名工作人员在工作现场检查时，被现场的一个机器人抓住胸部砸伤，最终导致身亡；2018 年，优步的自动驾驶汽车撞死一名行人，这是全球范围内第一起自动驾驶致行人死亡的事故。在这些惨况发生时，我们经常会为 AI 辩解，认为 AI 本身没有错，它只是根据自己收到的训练数据进行学习。正因为 AI 本身没有是非观，如果学习时使用的对话中包含种族歧视的言论，它也会习得这样的言论。从这个角度看，AI 不是独立做出上述犯罪行为的，那么它也不应该被看作一个主体受到惩罚。但 AI 显然又是有一定独立做出判断的能力的。比如当需要判断信号灯是红还是绿的 AI 看到蓝色的灯时，由于它从没有在训练时见过蓝色的灯，它可能会错误地将其判断为绿灯。人类并没有在训练 AI 时引导将蓝灯判断为绿灯，这是由 AI 独立做出的判断，也就是说 AI 是具有独立性的。这自相矛盾的两个结论，使得我们很难界定 AI 到底能不能被看作一个独立的主体。

第二个需要考虑的问题是，当AI造成这样的错误时，它有对人类造成伤害的意图吗？我们都知道法官在量刑时对故意伤人和过失伤人两种情况是分开考虑的。电影里也经常演到警察说：“你这个属于过失犯罪，量刑时会适当考虑。”那么当机器人将工作人员抓起来并砸伤时，它心里是怎么想的呢？可惜这个问题的答案，目前我们谁也不知道。

第三个需要考虑的问题是，我们如何衡量AI造成的伤害和损失。当自动驾驶汽车出了车祸时，应该如何对这样一起交通事故追责？是由AI系统开发商负责，还是由汽车制造商负责？不明确的责任划分会导致所有相关的单位都有所顾忌，这是无益于技术的进步的。

目前，我们在这方面的讨论还做得不够多。欧盟于2016年提出了针对机器人立法的草案，电气和电子工程师学会也发布了关于AI的法律问题的主题讨论和愿景。希望我们能早日在这个问题上取得进展。

在AI时代，人类还需要学习知识吗？

你是不是觉得，以后有了AI助手，它可以帮你学习、考试，自己什么都不需要干了？当然不是。如果学习的目的仅仅是掌握人类现有的知识，从计算机能够大量存储信息和知识的时候开始，我们人类就不需要学习了，只要在需要使用时从计算机中调取就可以了。但是我们学习真的只是为了学习现有的知识吗？我们都熟悉哥白尼的故事，在他生活的那个时代，普遍认为地球是宇宙的中心。接受这样的教育成长起来的哥白尼却没有盲目相信当时的知识体系，而是勇敢地提出了日心说理论——现在的科学观测已经证明，日心说是一种比地心说更加进步的学说。学习的第一个目的就是不断地拓展人类的认知边界。

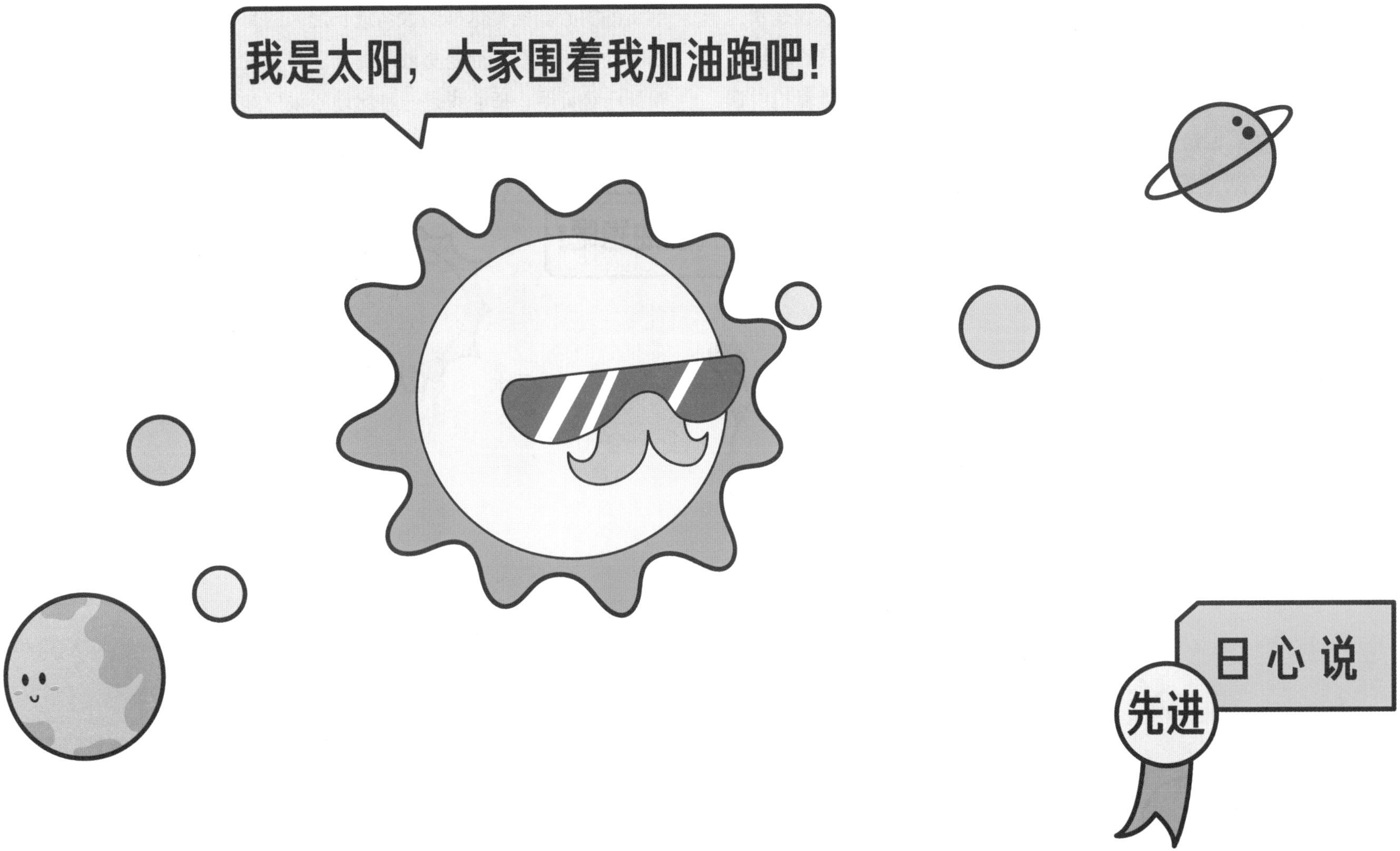

我是太阳，大家围着我加油跑吧！

先进

日心说

不过，这又引出了一个新的问题——不是每个人都会成为伟大的科学家，更不是每个人都会推翻现有的理论体系，那么对于大多数人来讲，学习知识的目的到底是什么？

学习知识的目的首先是培养我们思考、计划、创造未来的能力。从这个角度想，学习英语并不仅仅是为了学习一门外语，更是为了理解外语背后的文化；学习数学不只是为了通过数学考试，而是为了学习其中的抽象、逻辑思维，帮助我们更清晰地思考问题。学习能够让我们提升认知，了解自己，了解这个世界。掌握了更多的知识，我们看事情可以更加全面、深刻，做出正确选择的可能性也就更大了。如果投身于科学研究，我们还有可能发展出新的知识。

通过不断地学习，我们不断挑战自己，打破旧观念获取新观念。可以说，学习带来的是自我成长。这是一个学习者主动与知识互动的过程和结果，AI 无法将知识直接送入你的大脑，更不要说把它变成你的知识。因为“知道”不等于掌握，没有经过转化、吸收、内化等过程，就无法真正获得知识。所以，虽然随着时代的进步，我们学习的方式越来越高效，但是知识习得过程中“你的真正参与”仍然是不可缺失的。

AI的发展能让人类自身进化停止吗？

历 史 舞 台

说起进化，我们一般想到的是猿人进化成人类。从这个角度看，人类至少有几千年没有进化了。然而，进化不仅仅是物种的演进，它还可以在另一个维度上发生。比如，为了在和凶猛的野兽的斗争中存活下来，工程师发明了枪支炮弹用于攻击，建筑师建造了牢固的房子来防御；要战胜细菌和病毒对人体的侵略，医学家发明了各种药物来消灭它们。对于人类来说，进化是各行各业的点滴突破积累在一起，然后给我们的生活带来重大变化。不过，在前面的几个问题中，我们看到了 AI 已经可以在一定程度上取代人类完成医学、化学、太空等方面的研究了。如果有一天，AI 可以独立自主地完成这些工作，完全不需要人类的参与，科学研究的进展完全由 AI 推动，人类是不是把进化的权利让渡给了 AI，自己则停止了进化呢？

历 史 舞 台

首先，在我们目前所处的时代，AI 还没有发展到可以独立于人类存在的地步。AI 更多的是取代人类做一些机械化、重复性的简单劳动，并辅助人类完成复杂的科学研究等工作。比如无人驾驶汽车取代驾驶员，无人机送货取代快递员，AI 流水线取代原先在流水线两旁工作的工人，等等。在这个阶段，对 AI 的研究，是从我们人类自身出发的，目的是创造出可以模仿人类行为的 AI，而这本身也在加深人类对自身的理解。就像我们提到要开发出仿真大脑，科学家首先需要理解大脑到底是如何运作的。这样的研究过程，会为许多行业注入新的知识、带来新的进展，从而推动人类的进化。

那么，当人类创造出拥有超级智慧的 AI 后，我们还能进化吗？

让我们来回顾一下地球上生命的进化过程吧！

在地球最早期时，世界上甚至都没有人类的存在，只有在海洋中生存的一些单细胞生物。慢慢地，单细胞生物进化成了多细胞生物，也逐渐从海洋迁移到了陆地上栖息。又过了很久很久，终于进化出了猿人，我们熟知的元谋人就是猿人的一种——他们能够直立行走，并且具有一定的语言能力。在这之后又有智人从非洲迁移到世界各地安居的故事。在这漫长的几十亿年中，生命在不断适应地球的环境，进化一直在发生。我们可以说智人灭绝了，因为它们在现代社会中不再存在了；我们也可以说智人并没有灭绝，只是进化到了下一阶段，因为我们人类就是由智人进化而来。

你发现了吗？如何定义进化这个现象会影响到我们从什么角度看待这些问题。一般来说，我们认为进化是对变化的环境的一种适应。而现在，随着科技的不断进步，我们开发了 AI 来增强人类的能力、更好地适应环境。未来 AI 将不仅仅独立于人类存在，我们会有可以植入身体的 AI 芯片来提高我们的健康水平，增强物理属性，甚至突破身体的禁锢以思维永生，这难道不是人类的另一种进化吗？

很久很久以前

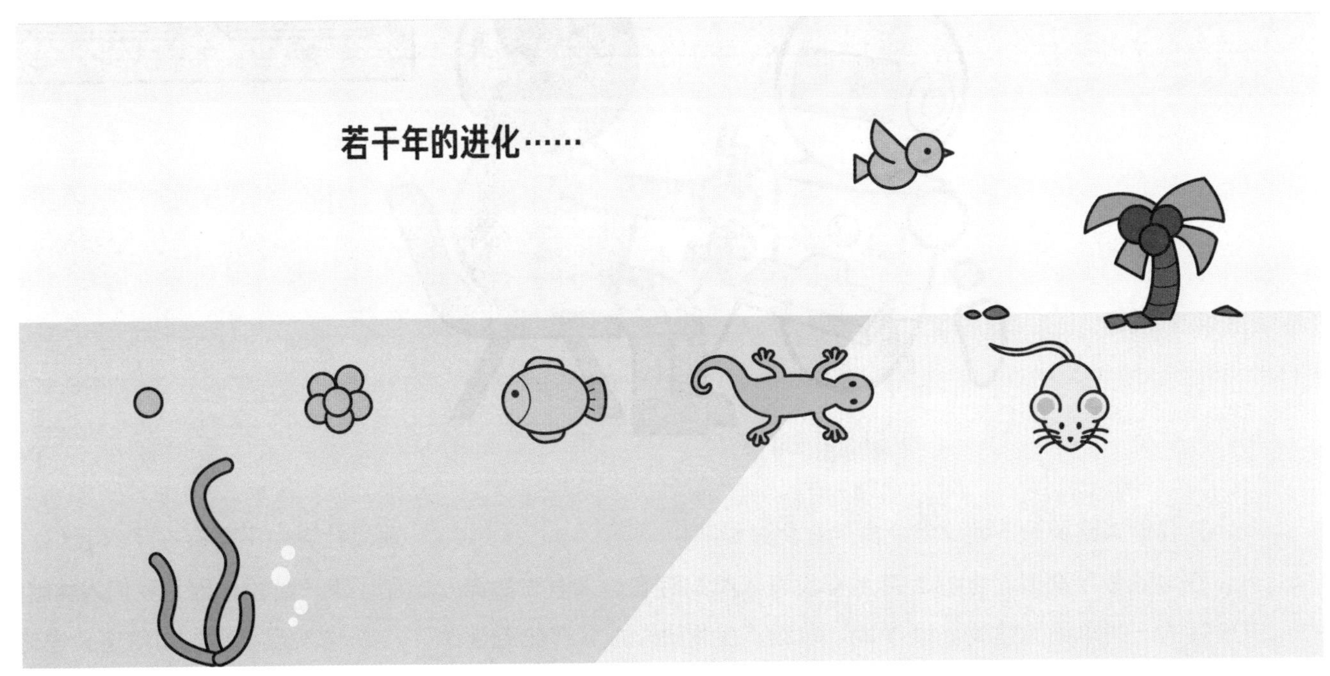

我们去其他地方定居吧！
（智人）
非洲大陆

未来AI如何与人类结合？

像我们前文提到的，未来会有可以植入身体和大脑中的AI芯片，事实上，很多科学家已经在朝这个方向努力了。特斯拉公司的CEO Elon Musk已经成立了Neuralink来研究脑机接口的应用。这种技术可以帮助人类突破物理属性方面的限制，比如植入大脑皮层的芯片可以用来帮助人类记忆，老人们常患有的健忘症就不再是个问题了；植入脊髓中的芯片可以替代损伤的部分工作，使得瘫痪的病人能够恢复肢体的正常功能。

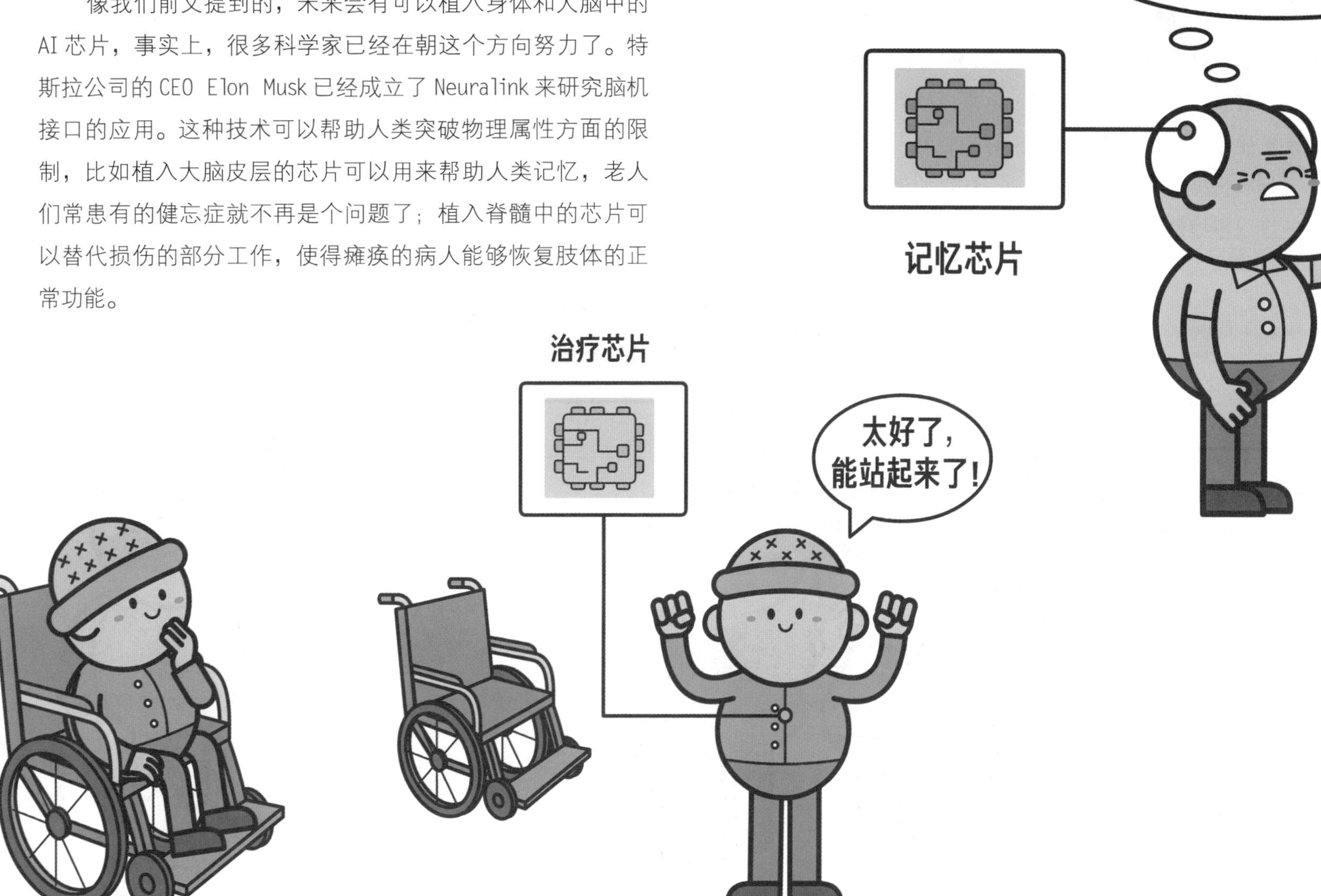

既然AI可以替代人类身体的一部分，那么我们能不能用AI直接替代除大脑以外的身体部分？这样，人类就摆脱了肉体的限制。我们仍然可以选择拥有自己的肉体，只是当身体的一部分受到了损伤、衰老了，或者只是单纯地追求自己喜欢的身体，就可以去医院接受手术，将需要替换的部分安装好。在大街上看到走过的行人拥有机械手臂，都算不得什么稀奇的事情。如果你追求时尚，还可以根据最近的流行趋势，将自己的钛合金手指漆成低调的银河灰，或者在一段时间之后再换成颜色更加跳脱的运动红。在这一阶段，我们只需要大脑的存在。甚至在自己的大脑老化了后，先将思维存储在芯片中，或者上传到云端中，在找到合适的大脑后再重新载入。这时，人类就获得了思维的永生。就像《攻壳机动队》中的米拉·基里安少佐在肉体死亡后，大脑被保留下来装进机器外壳中，重新获得了生命。

100岁的老李

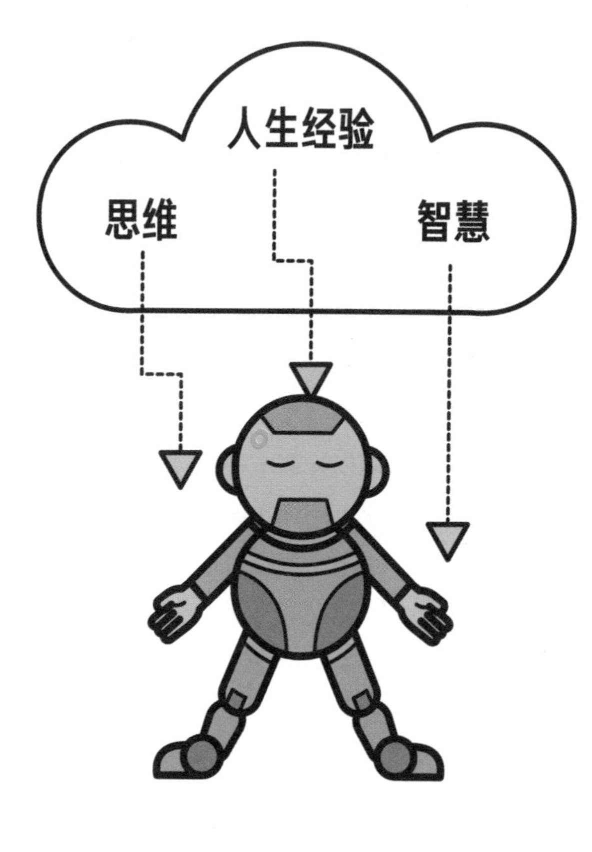

老李的新身体

到了这个时候，如果不是为了取悦自己，物理上的事物已经对人类没有什么意义了。我们真正做的事情只是充分利用自己的大脑思考，AI 会替人类处理好剩下的一切物理事物。这时，我们就会发现一个问题——大脑的运算速度实在太慢了。怎样才能提高大脑的运算速度呢？在我们的认知中，光的速度应该是最快的了——光速可以达到每秒 30 万公里，如果大脑可以以光这一种能量形式存在，就可以轻易完成每秒一百万次的信息交换。这时，人类的存在就是一团光球，也就是纯能量形态。

如果真有那么一天，你希望自己的纯能量形态是什么样子的呢？

AI会有自己的孩子吗？

AI 当然会有自己的孩子，不过，这个孩子可能和你理解的孩子不太一样。

在人工智能研究中，有一类研究叫作元学习（learning to learn，也叫 meta learning），直接翻译过来就是学习如何学习。就像字面翻译的那样，这种研究主要专注于如何教会 AI 自己学习。就像妈妈在你小时候会辅导你的学习一样，AI 自己会辅导自己的“孩子”掌握新的学习任务。

也就是说，人类可以不用花大量精力和时间去教导 AI 学习具体的问题，比如要教会用于识别食物的 AI 识别动物，按照目前主流的方法，AI 工程师首先要收集大量动物的照片，然后为每一张图片添加标签。当数据量比较小时，这还算可以承受，收集 1000 张图片也就是添加 1000 个标签而已，但像 ImageNet 这样达到拥有 1400 多万张图片的数据库，可是花了 8 年才建成的，更别提收集数据时还要关注图片的清晰度、数据的广度了。要是每开发一个新的特定领域的 AI 系统都需要这样大的投入，我们还不知道要等多少年才能进入强人工智能时代呢。

虽然目前AI学习的方式还如此笨拙，我们人类可不是这样的，我们天生有着很强的归纳总结的能力。学会了如何分辨食物之后，我们不需要再从头学习如何分辨不同的动物，只需要爸爸妈妈指着猫咪说几次这是猫咪，我们很快就会记住了。并且，当看到之前从没有见过的猫咪品种时，我们也能轻易意识到这还是猫咪，而不是其他的动物种类。这是因为我们通过学习食物总结了规律和特征，而这些特征、规律是非常基本但通用性很强的知识，可以被迁移到不同的学习任务上。

learning to learn 就是希望 AI 能够像人类一样，当需要掌握一个全新的领域的知识时，可以不用从头学起，而是由 AI 系统孵化一个“孩子”——一个全新的 AI 系统，然后用自己已有的通用基础知识指导自己的“孩子”学习给定的领域。

从 2017 年开始，谷歌的研究人员就开始投入这类研究中，并研发了自动人工智能系统 AutoML。AutoML 知道如何训练神经网络，比如应该如何设计神经网络，如何搜索合适的结构。假如我们手上有一系列视频，希望利用这些数据训练一个神经网络来完成物体识别的任务。就像我们前面提到的，AutoML 会“孵化”一个新的神经网络来完成这个任务。它会自行选取自己认为适合这个任务的神经网络，然后像一位家长一样，要求自己的“孩子”执行识别任务，接着评估它的表现，并根据“孩子”的性能调整它的结构和参数，直到“孩子”的表现达到预期。

AI 利用自己已有的知识指导并创造新的 AI 系统，这是 AI 的繁殖和进化。

合适
结构
设计神经网络
搜索合适的结构

你马上就要诞生了！

孩子你表现得很棒哦！
我已经完成视屏识别的工作了。

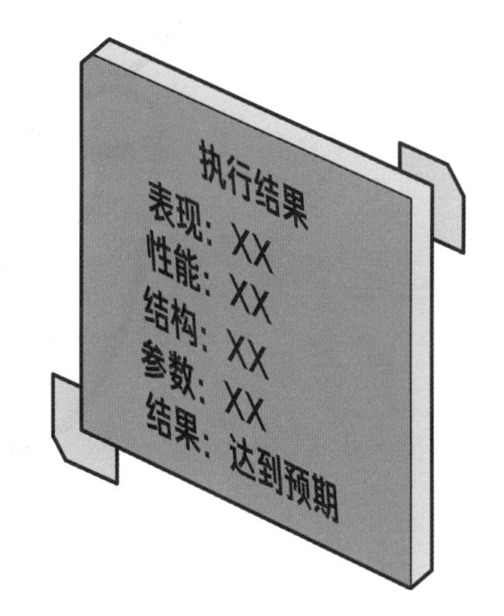
执行结果
表现：XX
性能：XX
结构：XX
参数：XX
结果：达到预期

AI最终能解密人类意识吗?

什么是意识？这似乎是一个哲学问题，和“什么是存在”“我们从哪里来，又要到哪里去”等问题常常一起出现。看到这个问题时，我们的第一反应往往是“这个问题离我们太遥远了，从来没考虑过”，或者“这个问题太抽象，我回答不了”。然而，如果我们想想大脑，它的基本组成就是简单的神经元。像我们常玩的乐高一样，把神经元连接、堆叠在一起，大脑就能完成如此复杂的功能，而意识似乎在神经元组合之后就自然地出现了。

随之而来的很自然的想法就是，如果我们能模拟神经元的运作机理造出人造大脑，是不是就能创造出意识了？更甚至，我们能不能进一步独立于神经元之外创造意识呢？

其实，你早就已经接触过这方面的知识了。还记得图灵测试吗？这个于1950年提出的测试就是对机器思考能力的一种考量。也就是说，我们人类早就在为这一天做准备了。之前我们讨论了什么是强人工智能，强人工智能试图通过研究人类思考的方式，制造出有自我意识的、可以思考的机器。这种机器既可以采用和人类一样的方式思考，也可以采用一种全新的方式思考。

要拥有意识，首先要拥有感知能力和对感受到的东西做出反应的能力。想象一下，如果你分辨不出冷和热，那还能和朋友说你喜欢夏天而不喜欢冬天吗？或者你喜欢吃甜的而不喜欢吃辣的，也需要你首先能分辨出甜和辣的味道，并且对这两种味道有不同的反应。不过，要和朋友表达自己的喜好，你还需要具有语言能力，不论是用文字表达还是用语言表达，总归需要让别人理解你的意思。这是有意识的AI必须具备的第二种能力。不过这两种能力都不是什么难题，目前我们的技术已经足以解决这些问题。

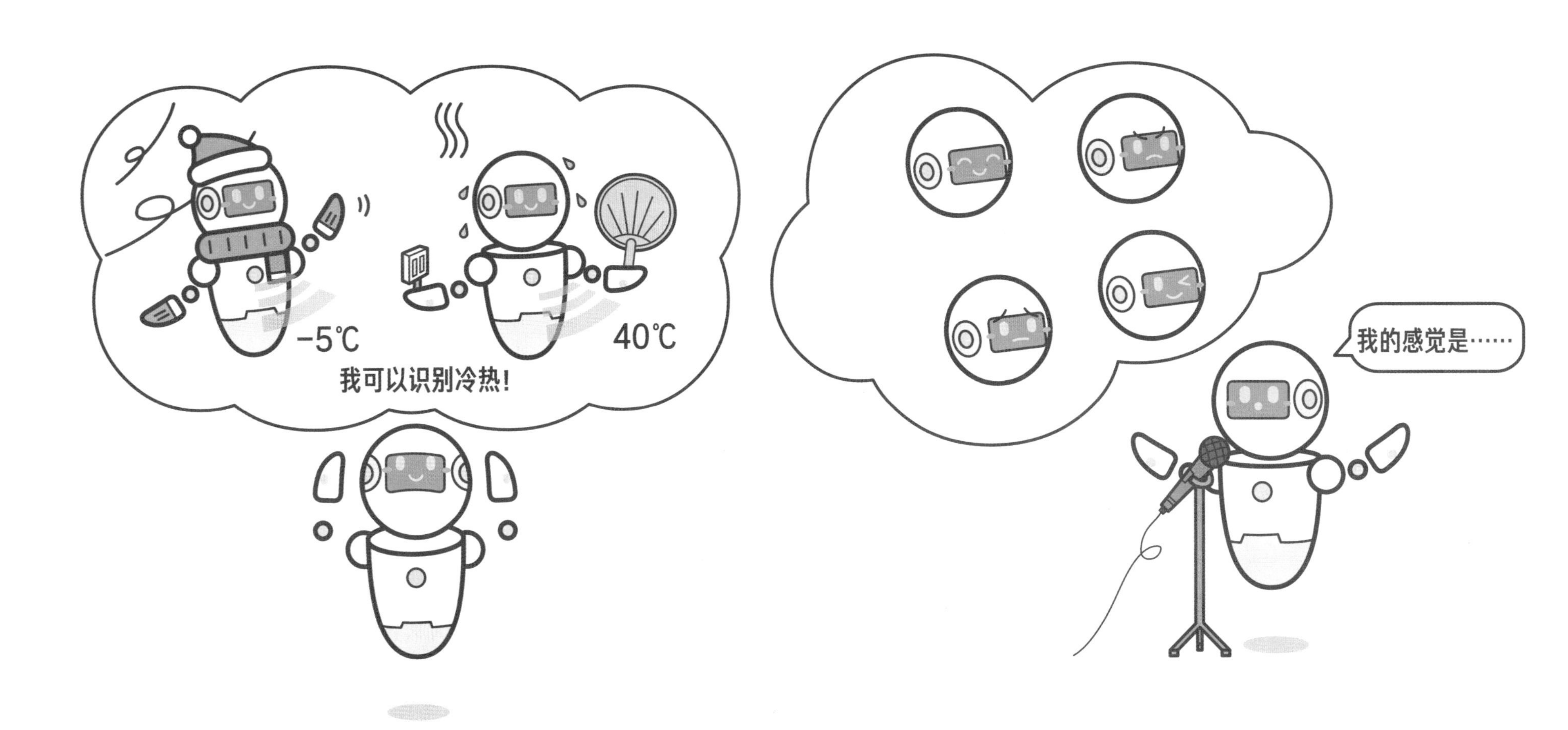
-5℃
40℃
我可以识别冷热!
我的感觉是……

真正难的问题在于人类的大脑似乎在一定程度上是独立于人类的身体存在的。比如当人进入睡眠状态时，身体几乎是静止的，但大脑仍然处在活跃状态下，有时还会做梦。而当你醒来后，除了一些零星的画面，却什么都想不起来了。还有时候，当我们陷入特别紧张的状态时，大脑和身体的联结也会断开。比如当你害怕迟到急着去上学时，即便脑袋里充斥着“快点穿好衣服出门”的想法，手有时候却不听使唤拉不上拉链。由于这种独立性，有时大脑可以像个“局外人”一样，观察、思考人类的行为，然后为人类的行为寻找动机。比如当我们回想为什么昨天出门时没有锁门，大脑会像个旁观者一样观察那些记忆片段，然后指出当时我们一边打电话一边出了门，所以注意力被分散了。

目前，我们还很难理解大脑到底是如何做到既与身体保持联结，又能够独立工作的。或许等我们真正能够创造出人造大脑的那一天，我们就能够解开这一点疑惑了。

上学要迟到了，怎么会拉链拉不上了呢？
五分钟内出门就不会迟到！
手的动作要更快一点！

3-5
小心台阶!
喵
喂，你好!
观察思考人类行为中……

今天要考试！
还好我都记得！
明天吃烤鸡！

在AI时代，人还能做什么？人存在的意义又是什么？
进入AI时代我能做什么呢?

你好，欢迎来到AI时代！

098
少年AI一百问

我们现在开发出来的AI有点像超级计算机，在它们被训练的领域可以飞速处理海量数据，优化问题。比如HeyPup程序可以在看到一张狗狗的照片后就给出狗狗的品种、年龄、健康状况和饲养建议等，比人类兽医快得多；或者像Artia程序可以快速将你上传的自拍“天衣无缝”地嫁接到世界名画中。而在思想方面，就像我们前面讨论的，科学家还不确定如何能够真正创造思维，这将是我们人类在AI时代的优势。AI将会被用来替代人类的劳作，留给人类更多时间开发自己的潜能，从事自己感兴趣并擅长的工作。

这是我的照片。
好呀！
Artia
哇！我真的变成了蒙娜丽莎。
Artia

热爱创造的人，可以从事创意类的工作，用自己的想象力丰富这个世界。比如喜欢写作的人可以将自己的思考融入自己的文字中；喜欢音乐的人可以用音乐表达自己的情绪。共情力强又喜欢和他人交流的人可以发挥自己这方面的优势，做一个人际连接者。就像心理咨询师，他们可以为他人提供更多情感上的支持和帮助，这是无论 AI 在物理性质上具有多少优势也无法比拟的。还有一些人，他们也许不是很有创意，也不是感情细腻的人，但他们拥有强大的逻辑判断能力，这些人是成为工程师、科学家等模式判断者的绝佳人选。他们可以从事 AI 开发，将 AI 水平提升至下一个阶段，来为整个社会提供更好的物质条件。

在 AI 时代，人类将首先考虑自己的性格和喜好，从事自己喜爱的行业，工作将变成一件充满乐趣并能带来成就感的事情。不想或者不需要工作的时间，我们可以用来全情感受这个世界，更好地感知宇宙，体验人生。甚至再进一步——就像前面提到的，人类将会向着纯能量的方向进化，一切物理活动都由 AI 来替人类完成，我们只需要完成“思考”这件事。想象一下自己变成一团明亮的光球，无数思绪在其中飞速交换着，每秒钟都有上百万个新鲜主意被生产并由 AI 极速实现出来，我们的世界真正是“日新月异”了！

AI能够帮助人类延长寿命吗？

之前我们提到了AI可以帮助人类攻克癌症，其实不仅仅是癌症，AI在战胜一系列对人类生命有威胁的疾病上都大有可为。

AI可以被用来检测人类身体的工作情况。这对于一些发病特别快的疾病格外有用，比如心脏病患者一旦发病，如果得不到及时的救治，可能在几分钟之内就会失去生命。利用AI系统来检测心脏的工作情况，并且预测病人心脏病发作或者呼吸衰竭的可能性，就可以及时向医生发出预警。当然了，提供急救的医生也可能是AI，这样就可以提前治疗。

其他的疾病，像糖尿病，可能会带来严重的并发症。AI在这些疾病上也有"用武之地"。比如AI可以通过患者的视网膜眼底照片检测糖尿病患者的视网膜的病变情况，检查被测者的心脑血管健康状况。可以说，给AI一个切入点，它就可以全面分析出你的健康状况。AI也可以参与治疗一些老年病，如帕金森病。在腾讯医疗人工智能实验室的AI系统中，老人只需要对着镜头做一系列动作，AI就能分析出老人完成动作的流畅程度，从而做出病情诊断或向人类医生给出自己的意见。AI还会定期回测，真正做到贴身跟踪老人的健康状况。

大叔的病情控制得不错！
病例

病情诊断

健康栏
病情诊断

除了这些直接用于治疗、跟踪病人的AI，我们还可以用AI来预防疾病，提高人类的生活质量，达到防患于未然的目的。最直接的，AI可以被用于开发可以延长寿命的膳食方案或者生活方式中。我们常常在报道上看到哪里有一个长寿村，然后科学家们通过调查发现是因为那里的水中富含一些重要的微量元素，长期饮用可以增强体质。利用AI，我们可以模拟对健康有益的成分在人体内是如何反应、作用的，然后根据这个过程开发具有同样功效的保健产品。吃得健康了，就能带来更强的体质，患病的概率也随之降低了。

AI 还可以被用于基因分析，预测个人患某种特定疾病的可能性，对那些可能性高的疾病提前预防。我们都知道有些疾病是会家族遗传的，如高度近视、白化病。这些病具有遗传性就是因为它们是被记载在基因上的，可以随着生殖而被传递到下一代。用 AI 对一个人的基因进行全面分析，我们就可以获得这些信息，并采取对应的措施，甚至直接修改部分基因。假如医生发现爸爸的基因表达导致了爸爸的血糖比较敏感，容易波动，那么爸爸患糖尿病的可能性可能会稍大一些。医生便可以提前建议爸爸平时在饮食上多注意，并且适当增加锻炼来预防。

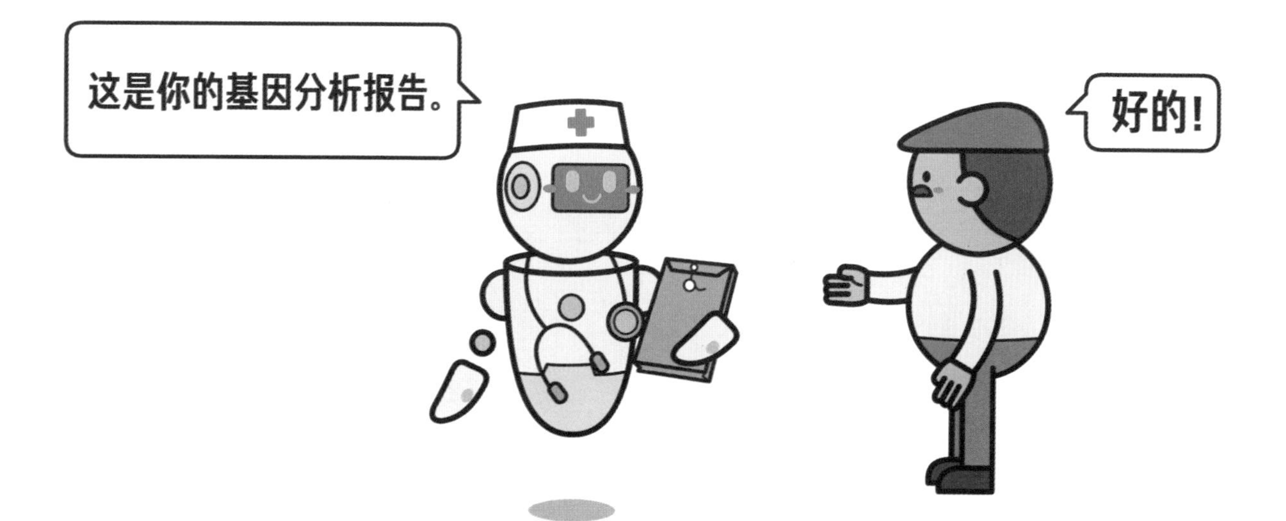

另一种更有效的手段是利用 AI 检测体内细胞的生长状况，当发现细胞开始衰老时，AI 就会直接干预，及时逆转这个过程。比如，随着年龄的增长，人类的染色体终端会变得越来越短。所以我们只需要用 AI 定时检测染色体终端的长度，如果发现它的长度开始有变短的趋势了，就实施提前定制好的治疗方案来减缓甚至终止这个过程。

有了 AI，人类不仅能够获得更长的寿命，更重要的是，生命的质量也提高了。

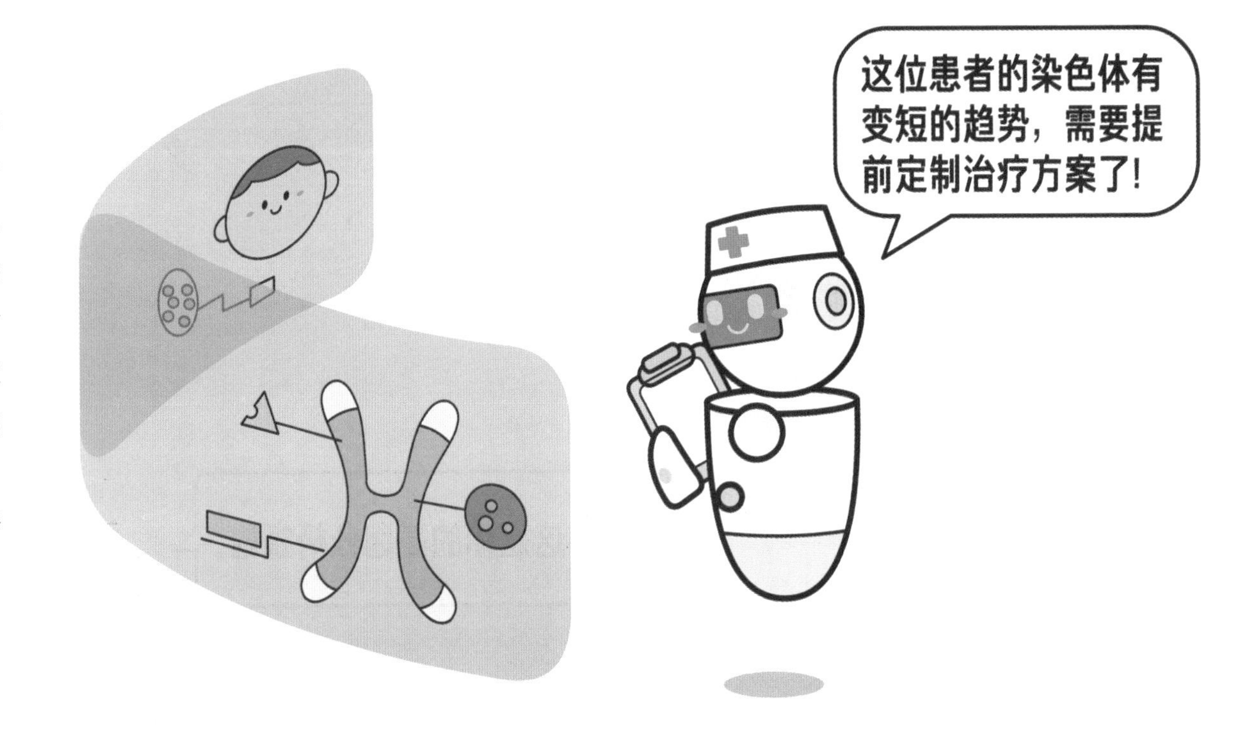

在目前已经很成熟的AI技术上，我们还能朝哪些方向发展？

随着AI的商业应用越来越成熟，不少人认为容易落地的应用方向，如智能安防、智能翻译已经有许多公司在做了，现在要进入这个领域，就得从还不成熟的方向入手。不过，2019年年底新冠肺炎的爆发，给了我们更多的启发——已经成熟的AI技术，还能如何推进?

答案是AI定制化。

在抗击新冠肺炎的过程中，我们看到许多专为病毒防治而研发的方案：阿里巴巴达摩院利用AI辅助医生确诊、进行基因分析；优必选开发出智能机器人提供测温巡检、医疗咨询、消毒杀菌等服务，降低医护人员的感染风险；格灵深瞳在机场等交通枢纽协助部署了智能体温检测系统，带着口罩也能测，一分钟就能检测200多人次；商汤科技也推出了类似的测温和人脸识别系统，不需要摘下口罩就可以完成身份识别，高效地对人员流动信息进行更新。

在这些例子中，我们看到了熟悉的名字，如人脸识别，可也看到了不那么熟悉的应用场景——新冠肺炎爆发以前，谁会想到戴着口罩这么重要呢？由于口罩至少遮挡住了一半的面部特征，过去的 AI 系统在这种情况下进行检测遇到了很大的困难。通过对 AI 系统的针对性更新，就可以保证 AI 系统不受到口罩、眼镜、帽子等遮挡物的干扰。

再如，AI 看病并不稀奇，AI 医生“上岗”已经有一段时间了，但是在这次战“疫”中，通过对 AI 系统进行肺部 CT 图像的专门训练，可以大幅提高 AI 系统对新冠肺炎的敏感性。AI 智能机器人在医院中服务也不少见，但是在这场战“疫”中它多了一些新功能——AI 机器人会在医院内进行巡逻，假如它发现有人没带口罩，就会及时上前提醒并知会后台工作人员；假如在它的视野内人群过于密集，它也会发出声音提醒，要求大家保持一定的距离以降低感染风险。

您好，请戴上
您的口罩！
3号报告
一楼大厅有一名
男子未佩戴口罩。
请大家保持
一定距离。

这位工人，请戴上你的安全帽！
进度
70%
进度
49%
进度
90%
018
检测到未戴安全帽人员

除了疫情中突然出现的这些定制化需求，AI定制化还有别的运用场景吗？答案是肯定的，如在生产车间戴安全帽等安全设备是硬性规定，AI系统可以在车间内智能识别没有遵守安全规则的工人，进行安全管理；如高精仪器制造公司需要AI系统进行产品质量检测，这里的AI系统不需要达到实时运行的速度，也不需要能够识别公司产品之外的物品，但要达到连成品上的一丝划痕都能检测出来的精度；生物研究所也可以使用AI系统来识别飞虫的种类，但这些飞虫之间的区别极小，没有经过训练的AI根本无法分辨……可以说，在工业界，AI系统的应用才刚刚起步。

目前，快速、"聪明"、能够满足高度定制化需求的AI系统，为学术界已经成熟的AI技术提供了新的生命力。说不定有一天，当家里需要安装AI系统时，你可以下单定制你的私人专属AI服务呢！